細菌偵查隊

SDGs 主題讀本

- 發電
- 分解垃圾
- 解決糧食危機
- 減少溫室氣體

和細菌一起守護地球！

陳俊堯——著
茜Cian——繪

目次

作 者 序 依靠微生物維持運作的地球　7

故事開始 請救救要滅亡的貝克星　10

No.1 一號檔案
地球的黑色生命層

🔓 **超級營養的黑色土壤**
　　為其他生物製造養分的小小土地公──纖維分解細菌　14

　　黑色土壤　15
　　綠色巨人找食物　16
　　泥土裡的纖維　17
　　小小土地公　18
　　種植物也要種碳　20

🔓 **有好多洞才是最棒的土**
　　捏出泥土小丸子的微生物──團粒製造細菌　23

　　努力耕耘才有收穫　24
　　像湯圓的泥土團粒　25
　　好泥土全自動生產大隊　27

🔓 **沒有碳和氮就活不下去**
　　微生物分解回收大隊出動──蛋白質分解細菌　31

　　土壤養分回收站　32
　　生物需要碳和氮　32
　　植物長新細胞需要氮　34
　　施肥不見得都是好的　36

🔓 **種水稻竟然帶來大問題**
　　細菌也會造成溫室效應──甲烷生成菌　39

　　溫室氣體製造機　40
　　乾溼變化輪流來　42
　　生產食物產生的溫室氣體　44

🔓 **報告最後的問候**　47

NO.2 二號檔案
地球人如何解決糧食危機

🔓 最理想的肥料
幫助植物生長的微生物──固氮菌 50

天然的養分　51
吸空氣就會飽的細菌　51
施肥造成的影響　53
造福地下社會　54
拿細菌當肥料　55
生物肥料的好處　56

🔓 操控植物的神奇魔法
欺騙植物努力長大的細菌──用激素操控植物的細菌 59

勸植物不要保留實力　60
田裡的小幫手　61
給我繼續長大！　63
給我提高警覺！　64

🔓 生病也不怕
幫忙植物殺死害蟲的細菌──能當作殺蟲劑的細菌 67

不請自來的蟲蟲　68
會區分好蟲壞蟲的正義使者　69
蘇力菌的地雷式埋伏　70
細菌生化武器　72

🔓 細菌牌食物轉換器
從細菌獲取必要的養分──可以吃的細菌 75

為什麼細菌可以吃？　76
細菌是最棒的養分轉換器　77
變臉大師　78
單細胞生產器　79

🔓 報告最後的問候　82

目次

NO.3 三號檔案
整理地球

🔓 **太多塑膠了怎麼辦**
尋找吃塑膠的細菌──分解塑膠的細菌 86
太陽光來幫細菌的忙 87
塑膠大陸的傳說 89
山裡海裡的塑膠微粒 91

🔓 **好毒好毒的地球**
細菌掃毒大隊──分解毒物的細菌 95
自私地球人放出的惡鬼 96
有機溶劑汙染 96
農藥也是問題 98
更難消除的金屬 99

🔓 **讓髒水變乾淨的魔法**
細菌吃東西的同時就可以淨化水──淨化水的細菌 103
讓水回復純淨 104
讓汙水變乾淨 104
溶在水裡的東西變氣體 105
天然汙水處理廠 107

🔓 **大海不是垃圾場**
幫人類收拾爛攤子的微生物──清除養分的細菌 111
什麼東西都會流向大海 112
可怕的塑膠垃圾 112
死亡海域 114
我掉了一把鐵斧頭 117

🔓 **報告最後的問候** 119

FINAL 最終檔案
把廢物變資源

🔓 **垃圾也能變黃金**
細菌將廚餘變肥料、大便來發電──堆肥裡的放線菌 122
　資源回收大師 123
　現代垃圾也給你清 124
　金屬回收 127

🔓 **新的發電方式**
用細菌發電──電纜細菌 131
　為什麼要用細菌發電 135

🔓 **微米級迷你工廠**
細菌做塑膠──生物塑膠生產菌 139
　微米級代工廠 140
　能源危機與生物燃料 142
　生物塑膠 143

🔓 **把逃跑的碳抓回來**
用細菌減緩氣候變遷──留住碳的芽孢桿菌 147
　溫室氣體的問題 148
　不讓碳變成二氧化碳 149
　小細菌當存碳包 150
　抓住空氣裡的二氧化碳 151
　廢渣變能源 152

🔓 **故事結尾** 156

作者序

依靠微生物維持運作的地球

　　我一直很開心能在求學的過程中認識微生物。

　　科學上，微生物指的是「小到肉眼看不見的生物」。根據這個標準，就算將這些生物擺在你面前，也沒辦法用眼睛察覺，當然也就不會注意到它們做了什麼。還好我在大學時修了微生物學，進了研究細菌的實驗室，才讓我有了能「看見」微生物，知道微生物做了什麼的本事。

　　原來微生物做了很多對地球來說很重要的事啊！它們分解廢物垃圾，照顧植物、動物，推動養分在世界裡流轉。人類在地球上吃喝拉撒玩，對環境造成影響。這些微生物，尤其是細菌，靜靜的將我們製造的破壞一點一點慢慢修復回來，就像爸爸媽媽每天整理家裡，收拾小孩搞出來的亂七八糟一樣。別以為微生物的努力看起來沒有讓地球更好、更美，如果少了它們，地球可是會失控的。

沒有微生物，這星球上的生物根本不可能像現在這樣好好生活。

但同時，大家也因為看不見，就將微生物做的事當成是自然而然就會發生的事。我們已經太習慣微生物長久以來提供的服務。這時如果有個其他星球來的人，他可能會很驚訝的發現，這麼大的地球居然是靠那麼小的微生物維持運作。這位發現地球祕密的外星朋友，大概會跟在某個半夜從論文裡讀到這些神奇事蹟的我，有著一樣的驚喜吧？

我想在這本書裡告訴你，這些神奇的小生物做了好多事。長時間的演化讓不同的微生物間擁有巧妙搭配彼此的能力，努力活下來的同時也照顧了地球，而人類目前才只看懂它們合作關係的一部分，我想將這些有趣的事放在這本書裡，讓你一起來認識這些微生物。

我們將微生物的服務視為理所當然，覺得不理它們也不會改變。但事實是——我們跟微生物是共同住在地球上的室友，微生物一直幫我們收拾環境，如果人類做得太過火，真的會逼死某些微生物，而它們原本提供的服務也

就跟著消失了。

　　地球上這麼多人同時在吃喝拉撒玩,對環境造成沉重的負擔,你在新聞上也可以看到相關報導。如果你知道什麼是SDGs,關心環境惡化,也擔心全球暖化的問題,那你更應該認識這些微生物,看看如何借重它們的力量,一起守護地球。

細菌偵查隊

故事開始

請救救要滅亡的貝克星

十年前，貝克星遭放宰星人入侵！放宰星的軍事科技實力遠遠超過貝克星，只花了一百六十七天就打敗了貝克星人，他們強占貝克星人原本居住的地方，逼迫貝克星人逃到荒涼的星球北方。

放宰星人任意濫用自然資源，沒多久便將貝克星變成了髒髒臭臭的星球。放宰星人決定拋棄不再美麗的貝克星，全員上了太空船，出發再去找下一個目標，留下破敗且逐步走向死亡的貝克星。

離開時他們留下一句話：「這裡已經腐爛，沒用了，我們再換一個漂亮的地方。」

貝克星人終於回到被占領的地方，原本美麗的家園已經完全不一樣了。他們十分難過，很不甘心，決定要用自己的力量恢復貝克星原本的生命力。但是要怎麼做呢？這真的太困難了，沒有人知道該怎麼做。聽說在遙遠的行星「地球」，具有自行修復的神奇力量。地球上的生物

是怎麼辦到的呢？「可不可以教我們，救救我們的貝克星？」

兩位勇敢的貝克星人決定肩負起重整大地的任務。一年前雷文抵達地球，他到處調查，希望找到可以用來拯救母星的永續科技。另一位是霍克，他留在貝克星協調重建，讓大家不要吵架，同心協力完成貝克星的復原工作。

雷文究竟有沒有找到幫助貝克星復原的好方法呢？貝克星人已經等得失去耐心，開始討論要不要放棄自己的家鄉，去當流浪宇宙人了。就在這時，雷文從地球送來了第一份檔案，是雷文一年來在地球的發現，是讓星球永續的祕密，可以拯救貝克星！

你願意一起來幫助貝克星朋友嗎？來吧，一起打開檔案，讀讀雷文的調查報告。

No.1
一號檔案
地球的黑色生命層

調查對象	地球的土
調查目的	拯救貝克星的土壤──永續農業，微生物來幫忙

雷文送回了第一份報告。他給霍克的信內容如下：

地球的陸地跟貝克星不一樣，不是整塊岩石，而是鬆鬆軟軟黏黏的細粉，地球人稱為「土」，而且有些綠色的生物還會從土裡跑出來。土和綠色生物有點像我們「綠池」區裡的黑泥和綠毛，只是地球的綠色生物像放大版的綠毛，會越長越大。

我請教了地球朋友，原來這個綠色的東西是「植物」。植物有土就會長大，離開土就停止生長，看來「土」有能讓植物長大的神奇力量，植物是地球人的食物，但是我把土拿來吃，卻發現裡面沒什麼養分。好好觀察了一段時間後，發現土裡面住了很多肉眼看不見的小生物。這些神奇的小生物，比較小的是「細菌」，比較大的叫「真菌」。土好像是它們製造出來的。以下是我的發現。

細菌偵查隊

超級營養的黑色土壤
為其他生物製造養分的小小土地公

焦點細菌

纖維分解細菌

具有能切割纖維素或木質素的酵素,可以分解植物細胞壁釋放養分,幫助植物生長。但在氧氣或氮氣充足時,會用掉太多土裡的纖維,反而不利植物生長。

> 我很會啃蔬菜喔。

⚠ 黑色土壤

地球的陸地表面覆蓋了一層土壤，陸地以前是一層石頭，石頭風化後變成粉，這些粉承接活著和死掉的生物留下的物質，混合成為土壤。

我曾經試著學土壤專家挖出深度約半公尺的洞，站在洞裡從側面研究土壤的分層。從表面看起來都一樣的土，其實分了好幾層，各層有不同的顏色。最上面一層是黑色的，都是枯枝落葉分解剩下的黑色有機物，還可以看到沒腐爛完的葉子樹枝夾雜在裡面，以及小草密密的根（有機質層）。第二層是被汙染的土粉。因為接收了上面黑色層流下來的有機物，染成了咖啡色（表土層）。土壤的第三層是土黃色或灰色的，這是原本石頭碎裂成土粉的顏色（底土層）。

我在各地挖洞觀察，發現每個地方這三層的厚度都不一樣。在黑色層厚的地方栽種作物的農夫，都說作物長得很好。我發現植物的根好像都搶著在這層覓食，只有一些植物的根會伸得長長的到第二層，但是很少會長

到第三層。所以我想，養分應該都是在黑色的土裡，這一區應該是植物的美食街。

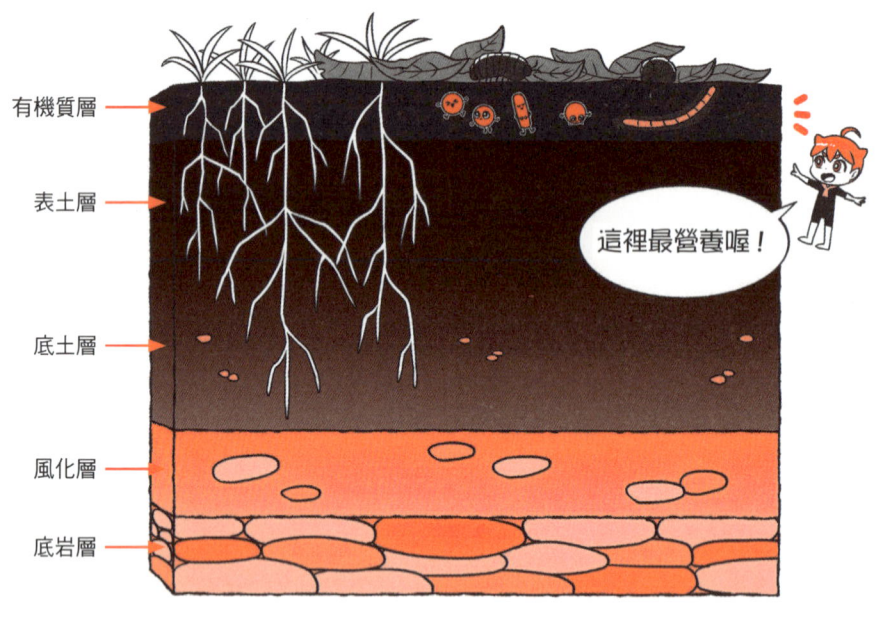

有機質層

表土層

底土層

風化層

底岩層

這裡最營養喔！

土壤的分層。有機質層有還未分解完的葉子和樹枝，因為有許多分解後的黑色有機物，因此呈現黑色，也是最營養的地方。

⚠ 綠色巨人找食物

住在黑色層的細菌和真菌很多，植物葉片一落下，它們就附著上去，一點一點消化植物細胞。細胞破了，裡面的糖和蛋白質等養分流出，其他微生物馬上搶走這些養分來使用，長出新的細菌和真菌。微生物又是線蟲這些體

型稍大生物的食物，線蟲等生物又被更大的生物吃掉，這一連串誰吃誰的關係，串起了泥土裡的**食物鏈**。如果養活微生物的養分很多，食物鏈的每一層生物也都因為食物多而數量增加，這塊地就變成了熱鬧的地下社會。植物細胞破掉後釋放出來的養分，包括植物生長需要的氮、磷、鉀，正好被旁邊植物的根攔截吸收。大部分養分在黑色土壤層（有機質層）與深褐色的第二層（表土層）裡被吸收。沒被吸收的，則繼續往不見天日的地底前進。

泥土裡的食物鏈：細菌和真菌→線蟲→比線蟲更大的生物

▲ 泥土裡的纖維

植物細胞被土中微生物破壞後，還留下一些殘骸，主要是纖維。這些纖維是支撐植物用的結構，個個堅固耐用，能抵擋微生物的攻擊。植物死後，纖維就變成最難被分解的成分。

我在翻開的土裡看到很多纖維的細絲狀碎片。纖維的主要成分是**纖維素**，分子結構是由糖分子連接起來的長

鏈，只有少數有本事切開纖維素的微生物才有「糖」吃，因此大部分留在原地沒人動。對那些能利用纖維素的細菌來說，泥土裡到處都是吃不完的食物呢。

對植物來說，這些前輩屍體留下的纖維碎屑是對族人的保障。泥土裡夾雜著這些纖維，不容易黏在一起，因此不會結成連作物的根都穿不過去的硬塊。纖維也可以吸住植物需要的養分離子，讓根來得及吸收。

▲ 小小土地公

土地公在地球人的信仰裡是駐守地方的保護神，可以保佑農業收成。我覺得泥土裡的微生物也在保護作物，應該可以說是泥土的小小土地公。泥土裡的**纖維分解細菌和真菌**溶掉植物厚厚的**細胞壁**，讓植物裡的養分重新釋放到環境裡。如果沒有它們每天持續的工作，植物就沒養分可吸收了。

不過纖維分解菌和真菌不是上天派來幫助植物的神明，而是跟你我一樣，要努力找東西吃、求生存。它們分解纖維，是為了吃掉細胞裡面殘存的養分。植物纖維也會

稍微抓住泥土裡的養分，對纖維分解菌來說，這些纖維素等於是蓋在家旁邊的糧食倉庫，餓了隨時可以吃。還好泥土裡的氧氣不多，而且其他養分（例如氮）也常常缺貨，就算纖維分解菌分解了纖維，也還是會因為缺氮而不能大量生長，也就不會用光所有纖維，泥土裡才能夠保住這些幫助植物生長的纖維。

你知道嗎？ 不翻耕，土可以用更久！

過去，農夫播種前會先翻土犁田。翻耕過的土會變鬆，種子長出來的根就能順利往深處鑽，讓小苗可以站起來。這樣做看起來照顧了作物，卻傷害了某些細菌。泥土表層有空氣來的氧氣，這裡的細菌也喜歡氧氣。不過泥土越深，氧氣越少，那裡的細菌也怕氧氣。如果翻動泥土讓氧氣進去，會殺死怕氧氣的細菌。喜歡氧氣的細菌得到氧氣，精神百倍，也會加速消化植物纖維。所以如果常常翻土，土裡的纖維會越來越少，就無法留下養分給植物了。

⚠ 種植物也要種碳

　　肥沃的黑土層是農人的最愛，因為很適合用來栽種作物。其他地方的土，例如學校操場，常常被太陽晒得乾乾的，黑土層只有薄薄的幾公分，不適合種植作物。如果農夫細心照顧田地，留住土裡的纖維，讓土裡養分變多，作物就能好好生長。

　　地球大氣裡的二氧化碳一直升高，不用多久就會到達貝克星的水準。還好地球人已經注意到這點，開始想辦法解決。人類認真尋找在土壤裡存碳的方法。像是提倡不要翻耕的種植法，土壤留住植物纖維的同時，也等於留住了碳。這些方法不但可以阻止地球溫度繼續升高，植物纖維也能留在土裡幫助作物。如果這些方法在地球有效，我們也應該在貝克星試試看。

No.1 一號檔案：地球的黑色生命層

你知道嗎？ 我們也可以造土

　　土壤需要植物碎屑，那能不能幫土補充呢？當然可以喔。如果你家裡有咖啡渣，可以收集在塑膠桶裡，加一把土當菌種，然後用蓋子稍微蓋起來。咖啡渣原本有咖啡味，一週後表面開始看得到白色的黴菌，表示裡面長了很多微生物。幾個星期後，咖啡渣就有土的味道，那是泥土裡**鏈黴菌**發出的氣味，這樣就可以當土用囉。你也可以使用其他植物，例如媽媽洗菜時不要的菜葉，只是因為菜葉太好吃，微生物長得快，可能會有點臭味喔。

給地球人的任務

　　你看過家附近或學校操場的土嗎？請找一塊有土的地，不是花盆或路邊人工填的土喔。帶著家裡的小

鏟子，先挖一點土看看。如果挖到的是植物的根或碎片，就再繼續往下挖，一直挖到只看得到土為止。用手指搓揉一下土，你會發現土黏黏的。接著挖個深三十公分的洞。我說的是深度喔。請往下挖，不要挖成又淺又大片的洞。注意看一下表層的土與深一點的土顏色有沒有不同，是不是看得到分層呢？

小提醒 觀察完後記得將土蓋回，回復原狀。

有好多洞才是最棒的土
捏出泥土小丸子的微生物

焦點細菌

團粒製造細菌

其實我們還不知道團粒（土壤顆粒結成的小球）到底是哪些細菌或是真菌製造的。讓土壤保持在有養分、適合微生物生長的狀態下，這些身分不明的微生物就會讓團粒增加。很多地球科學家持續在研究，泥土住的成千上萬微生物裡，到底是誰製造出這些神奇物質。

⚠ 努力耕耘才有收穫

地球農夫將種子放進土之前，常常用像車子一樣的耕耘機翻鬆土。目的是打散原本黏成一大塊的土，農作物新長出來的根才有機會往下鑽，吸收養分並好好的立在地上。但是沒有人耕作的草原，各種雜草在不翻耕的狀況下還能一直生長，這一點很奇怪。於是我找了好幾位地球朋友討論，發現了一個大祕密。

土壤裡有著黑黑黏黏的東西，地球人稱為「**腐植質**」。腐植質其實是死去生物的遺骸。聽起來很嚇人，其實這是地球環境的回收妙計。積木可以組出很多東西，今天組裝出房子，明天拆掉做輛車，同樣的材料可以重複使用。自然界也會回收組成生物的分子，生物屍體在土壤裡被各種生物拆解成零件後吸收，再次變成生命的一部分。容易拆解的東西很快就被吸收，難分解的東西在土裡留久一點，就變成了腐植質。

你知道嗎？ 團粒怎麼出現的？

　　土裡黏黏的東西會將岩石風化而來的土粉黏起來，變成微生物群聚的地方。這些黏黏的東西包括生物屍體難分解部分所留下的**腐植質**，還有微生物製造出來，用來保溼或防禦的黏黏**多醣**，再來是**微生物**本身，它們在土粉表面長成一層**生物膜**。這些東西黏住土粉變成一塊，然後植物的根或土中的小動物打散土塊，最後形成小小的團粒。

▲ 像湯圓的泥土團粒

　　腐植質沒有把土粉黏成像岩石一整塊的土塊，反而因為它們，泥土才變得鬆鬆軟軟，這一點實在是太神奇了。

　　昆蟲和其他小動物會啃食掉在泥土上的葉子，剩餘的碎片被更小的動物吃掉，像是蚯蚓，蚯蚓吞下這些碎片後，沒分解完的小碎屑繼續留在糞便裡。當碎屑小到看不到，還有微生物會繼續消化。比較難被消化的碎屑外面，

包覆著努力想分解碎屑的微生物。微生物的酵素和分解的分子發生反應,就成為了黑黑黏黏的腐植質。

微生物加上腐植質,把土粉黏成像湯圓一樣的QQ小團,叫做「**團粒**」。這些團粒一顆顆堆起來,之間留有空隙,就像葡萄串一樣。團粒間的空隙有的充滿水變成水道,有的只有空氣,可以通風。植物的根也可以輕鬆從團

團粒的環境很多樣。中心的細菌不多,不喜歡氧氣,長得比較慢。表層的細菌能拿到的養分最多,長得比較好,但是沒有團粒保護,下雨時容易被水沖走,大太陽時會乾死,還可能被草履蟲或變形蟲吃掉。接近表層的細菌,可以移動到表層吃東西,也可以躲回團粒,不用擔心被吃掉、沖走或乾死。

粒間穿過。如果沒有微生物、腐植質和植物纖維等有機物夾雜在土粒之間，土粉可能會紮紮實實壓成緻密的一層，透不了水，也透不了氣，沒有生物喜歡住在這種泥土裡。

> **你知道嗎？** **泥土裡的小丸子**

雖然泥土是由岩石碎裂產生的粉末而來，但是已經不是粉了。你可以拿廚房裡篩麵粉的金屬網來篩土（記得徵求爸媽同意，用完後要洗得超級乾淨），就會發現土裡有能通過篩網的粉，也有留在網裡的小丸子，這就是團粒。如果用孔洞大小不同的篩網來篩，會發現泥土有大大小小的土丸子。對植物來說有沒有團粒很重要，如果你拿到的泥土全部都是粉，我猜這塊土上大概沒有植物生長。

▲ 好泥土全自動生產大隊

土變硬了，得先翻耕才能種植物，但翻土又會叫醒土中微生物，加速用掉土裡的有機物。不過若是土裡面有

很多有機物,先幫助泥土形成團粒,地球人就不用擔心這個問題了。

好的土壤應該是蓬鬆的,團粒跟團粒之間有空隙,讓一些空氣進入,微生物可以在土裡慢慢呼吸,慢慢吃植物碎片生活。微生物長得好,就可以養活更大的生物,像是蚯蚓或昆蟲。它們在土裡面鑽來鑽去時,也順便幫忙鬆了土。植物的根就更容易穿過土尋找、吸收更多養

團粒就像個小城鎮,有著複雜多變的環境。細菌住在土粒和空隙中,有穿過城鎮的真菌菌絲和植物的根(植物根會釋放養分讓微生物建造出團粒),還有會吃細菌的變形蟲和線蟲。

分，植物長得好，根也會分泌出更多可以幫助微生物生長的養分。所以地球人只要將植物丟在土上自然腐爛，不用常常翻土，大大小小的生物就會一個幫一個的將地底變成天堂。而這些團粒堆疊時留下的空隙，下雨時讓土壤像海綿一樣吸水，植物可以慢慢喝上一、兩個星期，沒下雨也不怕。

　　看起來靜悄悄的泥土，其實裡面有好多生物不停的吃吃吃，細菌吃碎屑，線蟲吃細菌，蚯蚓吞了大家，排出來的東西再變成微生物和植物的養分。許多生物一起合作「製造」了土壤。泥土一點都不無聊，一把土裡有上千種生物，可是比動物園還要熱鬧呢！

給地球人的任務

　　前一個任務挖泥土的時候，有沒有看到會動的東西？沒有的話，再去看一次！這次請找片草地，挖之前先看看有沒有在地上行走跳躍的昆蟲。挖開

細菌偵查隊

之後，看看挖起來的小草的根，根裡面有沒有會動的小蟲？它們長什麼樣子？因為沒有顯微鏡，你只能看到這些巨大的生物，不然還可以發現好幾十種不一樣的生物喔！

小提醒 對了，挖土時，小心蚊蟲，不要被叮得滿頭包。

NO.1 　一號檔案：地球的黑色生命層

沒有碳和氮就活不下去
微生物分解回收大隊出動

焦點細菌

蛋白質分解細菌

土裡缺氮，在泥土裡生活的菌大多都有辦法分解蛋白質，當作氮的來源。拆解蛋白質後變成氨，再變成硝酸根，細菌會自己吃掉或者留給植物，氮就再次回到細胞中了。

我愛蛋白質！

⚠ 土壤養分回收站

　　地球上大多數的生物，每天都有新個體誕生，也有許多生命邁向死亡，成為屍體。土壤是屍體的回收中心，具有拆解屍體，然後變回養分的功能。先前報告中提過，植物的屍體會在泥土中被分解，而動物的屍體也是以類似的方法回收。生物的分子大多是**聚合物**，以相同的零件拼接起來。泥土裡的微生物可以分解這些聚合物，有些被細菌拆成零件，直接拿來使用；有些進一步被拆解，放出能量後變成氣體消失；有些則重新組裝，變成了不一樣的分子。這些生物的屍體，經過泥土工廠加工後，重新變成養分，被其他生物使用。

⚠ 生物需要碳和氮

　　生物每天吃的食物，一部分用來產生能量、維持細胞生存，一部分作為製造新細胞的原料，讓生物長大，或是替換舊了或壞了的細胞。生物天天努力找食物，都是為了獲得生存所需的能量和原料。「**碳**」和「**氮**」是

組成生物最主要的元素,生物每天都要確保自己能持續得到碳和氮。來自屍體的分子中,可以提供碳和氮的**蛋白質**與**核酸**比較容易分解利用,很快就會被微生物搶走。但是來自植物的纖維(多醣)因為結構複雜,而且只能提供碳,有能力分解的微生物少,因此在泥土裡逐漸累積。

生物需要碳和氮組成細胞裡的分子,而且碳氮有大致固定的比例。植物的屍體是土裡養分的主要來源。前面提過,纖維比較難分解,所以在土裡留得久一點。這樣一來,土裡的碳會比較多,生物常常在等待氮,一有氮馬上拿來與碳製造細胞需要的分子。泥土裡的細菌和真菌只要有含碳和含氮的養分,就會開始生長。

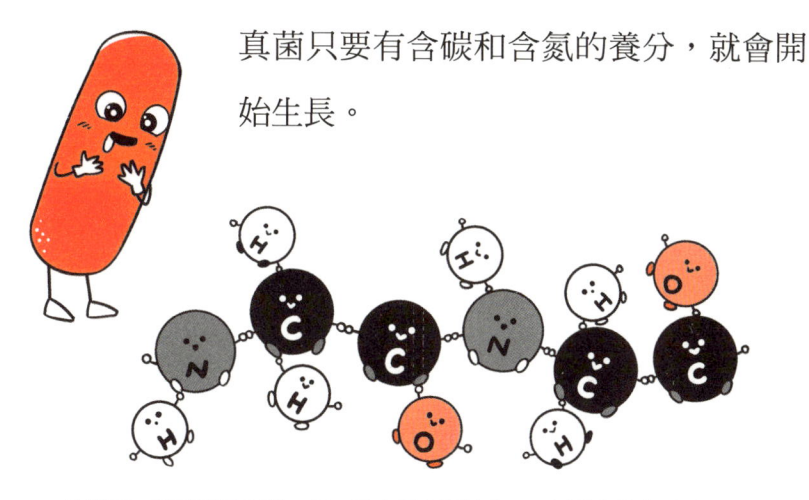

胺基酸、核酸等具有碳、氮,且容易分解的分子,是微生物的最愛。

▲ 植物長新細胞需要氮

經過一段時間的調查，我終於弄清楚為什麼地球植物長得比貝克星綠毛大的原因。大部分的地球植物有一種由纖維組成的構造叫做**維管束**，像鋼架一樣支撐植物，讓植物變高、變大。這些纖維很有趣，原料是糖，但是如果一個接一個組成**多醣**，就可以撐起植物。植物從空氣裡吸收二氧化碳，光合作用把二氧化碳變成糖，所以植物有用不完的碳，多到可以做支架。

不過光有支架還是不夠，植物也需要細胞填補身體。這時就要用到含有氮的分子來建造細胞。植物沒辦法直接抓取大氣裡的氮氣使用，需要靠根從泥土裡面吸收氮。泥土裡的氮來自屍體，細菌分解屍體裡的蛋白質和核酸，變成氨（含有氮的分子），留在泥土裡給眾生物使用。

不過這還不夠，因為很多植物無法直接吸收氨。植物能用的含氮養分主要是**硝酸根**。所以還得經過**硝化細菌**把氨加工成植物喜歡的硝酸根，植物才能吸收，用來製作新的細胞。

> **你知道嗎？** **果樹會不會喝牛奶？**

　　硝化細菌在泥土裡利用氨進行氧化作用。我們最熟悉的氧化反應是家裡的瓦斯爐，瓦斯氧化，放出大量能量燒菜。硝化細菌氧化氨時的化學反應不像瓦斯爐那麼劇烈，但也可以釋放能量，作為細菌維生用的能量。這個氧化反應的結果是氨和氧結合變成硝酸根，剛好是植物需要的分子，植物可以吸收利用。

　　有果農宣稱他的果樹是喝牛奶長大。果樹會不會喝牛奶呢？果農的確會倒牛奶給樹喝，但果樹沒辦法直接喝。牛奶裡的乳蛋白得先被細菌分解成氨，再代謝成硝酸根，才能夠經由根被果樹吸收。

牛奶 → 乳蛋白 → 胺基酸 → 氨 → 硝酸根 → 植物吸收

⚠️ 施肥不見得都是好的

地球人為了讓作物長得好，會在田裡使用肥料，提供植物生長需要的養分。例如加入會釋放出硝酸根的肥料，作物就能直接吸收使用。起初我也覺得這是一定要做的事，但幾位地球朋友告訴我一個現象，他們過去也一直在田裡施肥，一開始很有效，植物生長得很好，幾年後效果慢慢變差，最後連作物都長不好了。我特地去研究中心請教綠博士，才知道長期施肥反而會害了作物，讓我很驚訝。

綠博士說明施肥讓泥土裡的氮肥變多，作物很開心，泥土裡一直等待氮的細菌也很開心，因為可以一起分享。細菌需要碳氮搭配讓飲食均衡，有氮就可以多吃身旁的纖維。纖維變少，泥土乾了之後，容易結成不透水的硬塊，反而影響作物生長。

我們可以幫缺纖維的泥土補纖維，農民會把稻草留在田裡，補充損失的纖維。但是如果堆得太多，細菌為了要分解稻草，更努力的搜刮泥土裡的氮，這樣會讓作物的

根更難搶到生物需要的氮。這就是沒有顧好碳氮兩種養分平衡的結果。

這很值得我們借鏡，土壤養分的平衡竟然對作物的影響這麼大，或許貝克星的綠毛生長研究也能從這方面著手。

你知道嗎？ 碳氮比與土壤健康

我們可以測量泥土裡碳和氮的含量，計算它們的比值。一般植物需要的碳：氮大於20：1，所以農田加了枝條稻草後，碳氮比會提高。微生物需要的碳氮比則為10：1左右，碳氮比低一點時細菌占優勢，高一點時真菌占優勢。泥土的理想值是24：1，能提高到30：1更好。因為如果氮突然變多，土中的碳足以留下氮，避免被雨水沖走。如果碳氮比再高，微生物搶氮搶得更凶，就會影響到植物的生長了。

給地球人的任務

你也需要很多氮嗎？透過化學結構式代表分子的化學組成，可以知道分子裡有哪些元素。氮的元素符號是N，下面這些日常飲食中的分子裡有沒有氮呢？

蔗糖

麩胺酸鈉（味精，是胺基酸的鈉鹽。胺基酸可以組成蛋白質）

乳酸（優格裡酸酸的物質）

棕櫚酸（食物裡吃到的脂肪酸）

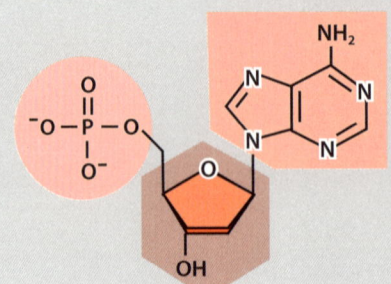

核苷酸（組成DNA的零件）

種水稻竟然帶來大問題
細菌也會造成溫室效應

焦點細菌

甲烷生成菌

甲烷生成菌（甲烷菌）是能製造甲烷的生物，分類上屬於古菌，是細菌的親戚。遠在地球還沒有氧氣的時候它就住在這裡了，氧氣變多之後，因為氧氣對它有毒，就躲到泥土深處或動物的腸子裡。

地球人和我們貝克星人一樣，呼吸時吐出二氧化碳。肚子裡的細菌呼吸時也會產生氣體，這些氣體從屁股跑出來，他們稱為「屁」。這樣看來，泥土裡的細菌也會產生氣體，那是不是應該叫做大地的屁呢？不管是人的屁還是大地的屁，主要成分都包含了二氧化碳、甲烷和氫氣。

▲ 溫室氣體製造機

生物代謝產生能量，例如拆開碳原子跟碳原子之間的鍵結，就能放出可以利用的能量。生物養分來源的有機物裡有很多碳接著碳的結構，用酵素打斷就能得到能量，只剩一個碳的分子就失去利用價值。在氧氣充足的地方生活的細菌，跟我們一樣代謝後放出二氧化碳。地球的陸地面積那麼大，不知道住了多少隻細菌在努力呼吸，吐出來的二氧化碳量一定很驚人。如果是氧氣不容易進入、比較深的泥土裡，就是氧氣少或者沒有氧氣的世界。住在這裡的細菌只好換不同的方法生活。有的細菌拿了植物需要的硝酸根來代替氧氣，結果不僅讓植物餓肚子，還會產生溫室氣體「**氧化亞氮**」。有的細菌用硫酸根代替氧氣，結果

製造出黑黑有毒的「**硫化氫**」。

其中最麻煩的還是**甲烷**。甲烷對溫室效應的影響比二氧化碳還大，是個更讓地球人頭痛的問題。住在地底的**甲烷菌**，利用土裡養分生長時，排出只剩一個碳的廢物，就是甲烷。地球亞洲地區的水稻田靠注滿水防止雜草生長，這樣一來，也將氧氣擋在土層外面，結果讓泥土每年產生大量的甲烷。水稻是地球人的重要糧食，不能不種，所以甲烷的產量一直居高不下。地球朋友跟我說，如果可以適時放乾稻田，或許可以減少甲烷的排放量。

你知道嗎？ 用氧氣呼吸比較有利嗎？

有氧氣的泥土表面，生物依賴氧氣。沒氧氣的泥土裡，細菌則用不同的方法存活。這些底層生物既然有特殊本領，為什麼不往上層進攻，搶占有氧世界的統治權呢？主要的原因是氧氣對它們有毒，所以到了有氧氣的地方會很痛苦。生物用氧氣呼吸，放出的能量更多。給能用氧氣和不能用氧氣的細菌同樣的養分，能用氧氣的細菌可以多

拿到好多倍的能量。所以能用氧氣的生物，包括人類，就靠這個優勢稱霸囉。

⚠ 乾溼變化輪流來

農田裡養分多，在土裡呼吸的微生物也多，因此無可避免的會產生一些溫室氣體。溫室氣體包括**二氧化碳**，還有保暖效果比二氧化碳更好的甲烷，兩個都是讓地球變熱、氣候異常的凶手。剛才提到水田讓土泡在水裡，產生很多甲烷，並不是好事。如果土一直保持乾燥，會比較好嗎？保持乾燥的話，泥土空隙裡的水慢慢消失，空氣可以流通，氧氣就能自由進到泥土深處，底下的植物纖維就有危險了。所以讓泥土一直保持乾燥，也不是個好方法，可能會害作物枯死。

到底怎麼做才是最好的方法呢？我的地球農民朋友建議，就讓泥土半乾半溼吧！不是保持一半的水量，而是一半的時間乾燥，一半的時間泡在水裡。乾燥時**好氧菌**（喜歡氧的細菌）數量開始增加，**甲烷菌**減少。泡水時反

過來，甲烷菌增加，好氧菌變少。像蹺蹺板一樣一直改變，就不會有哪種菌數量太多的問題。

不過另一位農業專家朋友告訴我，當使用半乾半溼的方法時，產生了另一個問題。如果農田剛加了氮肥，乾的時候被細菌變成硝酸根，然後溼的時候被轉換成氧化亞氮，這是另一種我們不想看到的溫室氣體。農田裡不同的菌有不同的需求，要找到讓大家都不抱怨的平衡點，可是跟我們貝克星的政治問題一樣困難呢。

乾燥時好氧菌數量增加，甲烷菌減少。泡水時反過來，甲烷菌增加，好氧菌變少。

> **你知道嗎？** **甲烷是天然氣的主要成分**

其實你家廚房就有甲烷。家裡煮菜用的瓦斯有兩種，一種是桶裝的液化石油氣，成分是丙烷和丁烷。另一種是直接用管路接到家裡的天然氣，百分之九十的成分是甲烷。天然氣可以燃燒，適合當作燃料。對人體無毒，但是因為易燃，瓦斯公司會加一點硫醇類化合物，讓無色無味的天然氣夾雜一點臭味，要是聞到臭味，就表示天然氣漏出來，要趕快請大人確認有沒有關好開關。

⚠ 生產食物產生的溫室氣體

二氧化碳和甲烷都是影響地球氣候的溫室氣體。如果再加上氧化亞氮，農田裡產生的溫室氣體就有三種了。為了生產便宜的作物，地球上的農田走向大規模種植，而且大量施肥，造成溫室氣體增加。地球人對肉類的需求也很大，農場飼養大量牛羊，牛羊天天放屁釋放腸子裡細菌

製造的甲烷，這些都是生產糧食所付出的代價。

地球人的其他活動，例如交通和工業，排出的溫室氣體更多，農業並不是主要原凶。但是如果可以調整種田或畜牧的方法，少用一些肥料，或者少吃一點肉，溫室氣體的產量應該可以減少。這是現在地球科學家正在積極研究的議題。

給地球人的任務

請你坐下來，想想自己製造了多少溫室氣體，以及有沒有辦法改變，少產生一點。每天呼吸產生的二氧化碳無法減少。你吃的飯來自水稻田，這是主要的甲烷產區，所以多吃飯對地球的影響比吃麵大。每天有意無意放的屁裡也有甲烷，但是量少到可以忽略。身體比你大很多的牛豬羊，產生的甲烷比你多，所以吃肉也會助長甲烷的產生。但你正在成長，需要多吃，所以能做的是不要浪費食物。交

通和發電也會產生大量二氧化碳,所以省電和多走路,也可以降低對地球的負擔。

報告最後的問候

　　以上是我的第一份報告，請大家一起討論要怎麼運用這些資訊來拯救貝克星。在訪查的過程裡，我發現地球人曾經經歷過一次糧食危機，現在又要面對下一次糧食危機。糧食不足也是貝克星需要解決的重大問題，所以我接下來會調查地球人是用什麼樣的方法來確保糧食生產。請幫我向好久不見的大家問好，希望我能早點完成任務，回去跟你們見面。

雷文

No.2
二號檔案
地球人如何解決糧食危機

| 調查對象 | 地球人怎麼種植作物 |
| 調查目的 | 讓貝克星人吃飽——靠微生物幫忙植物生長 |

　　雷文送回來第二份報告。內容如下：

　　地球人種植物當食物，也靠植物產生氧氣，效率很高。貝克星的綠毛也有類似的能力，但是體型太小，或許我們該派探險隊找找看有沒有大型的綠毛。我建議評估是否應該移植地球的植物到貝克星，或許可以當作新的食物來源。種植物還需要土，也需要引進細菌幫忙製造土。我的調查結果發現，地球上的某些細菌能幫助植物生長，所以也該帶這些細菌回去。不過，帶外星生物回貝克星風險很大，不知道會對貝克星的自然環境造成什麼影響，因此必須放在與外界隔離的環境中。請參考我提供的資料，評估是否值得冒這麼大的風險。以下是我的報告。

細菌偵查隊

最理想的肥料
幫助植物生長的微生物

焦點細菌

固氮菌

當沒有含氮養分可用的時候，固氮菌願意花很多能量轉換空氣裡的氮氣成為氨，製造胺基酸和蛋白質。這種能力在缺氮的土壤裡很有用，不過因為要消耗很多能量，所以土中含氮養分多的時候就失去優勢了。

⚠ 天然的養分

農夫種作物的時候會施肥，不過我注意到在沒有人照顧的自然環境裡，植物一樣長得很好。植物要生長，最需要的是碳和氮兩種元素。碳可以來自空氣裡的二氧化碳，這是植物的絕招。但是氮在泥土裡通常是限量的，大家都會搶。植物想要更快搶到氮，只能祈禱剛好有其他生物死在身邊，被細菌分解後變成能使用的養分。我發現泥土裡除了來自屍體的養分外，似乎還有另外的養分來源。進一步追蹤調查，原來地球上有可以從空氣直接製造養分的細菌，是這些細菌在幫助植物長大。

⚠ 吸空氣就會飽的細菌

地球大氣裡五分之四是氮氣，它們是氣體，不太能溶在水裡，而養分必須溶在水裡才能被細胞吸收使用。所以絕大部分的生物只能看著氮氣流口水。能利用氮氣的細菌叫做「**固氮菌**」，它們可以不用到處覓食，直接拿空氣當食物，真的是吸空氣就飽了。固氮菌可以直接從空氣裡

吸收氮氣，還原成氨，用來製造胺基酸後組成蛋白質。比起其他細菌，固氮菌具有很大的優勢，不需要靠運氣拿到養分。

拿空氣當養分，其實不簡單，因為需要耗費很多能量。植物行光合作用將二氧化碳變成葡萄糖，是透過葉綠素借用了太陽的能量，才辦得到。**固氮作用**會用掉細胞很多能量，所以固氮菌要吃很多含碳的養分補充能源。如果環境養分不夠多，固氮菌就只能慢慢長，雖然慢，比起其他因缺氮而無法生長的菌，還是長得快多了。

你知道嗎？ 固氮菌怎麼把氮變成養分？

前面提過固氮作用需要用掉非常多的能量，因此有些固氮菌會以巧妙的方法確保自己吃得飽。它們特別選在植物的根附近生長，就近將根釋放的養分當作能量來源。**根瘤菌**更進一步與植物簽約，直接搬進植物的根細胞裡，豆科植物也很禮遇它，長了個大大的瘤給根瘤菌住。根瘤菌將植物的有機物，加上固氮產生的氨，加工變成胺基酸，

與植物共享。雖然失去自由，不能在土壤裡到處跑，但是乖乖待在有吃有住的植物大飯店裡過一生，也是個舒服的選擇。

⚠ 施肥造成的影響

固氮菌有獨門祕技取得氮源，但是如果有人跑來施肥，固氮菌就不太開心了。施了肥，固氮菌就失去優勢，可能會被淘汰。如果它們消失，這塊地能生產氮肥的保護者也就消失了。

施肥帶來的另一個問題是**脫氮菌**。施肥後，硝化菌會將肥料轉化成硝酸根，如果硝化菌幫植物準備了太多硝酸根，反而會被別的細菌拿去使用。這些細菌就是脫氮菌，它們將地下生物能用的養分變成一氧化氮或氧化亞氮氣體，消散在大氣之中。這樣一來，會讓農作物和地下社會能用的氮變少。如果常常施肥，脫氮菌就有機會壯大，施肥的成效會被抵銷。更糟的是，這些細菌產生的氧化亞氮是溫室氣體，讓環境問題變得更嚴重。

⚠ 造福地下社會

　　土壤裡的氮持續在不同生物間交換。生物吸收氮建造細胞，被吃掉時氮就轉移到其他生物。生物死掉後則釋放出氮，所以氮就像鈔票一樣在不同生物間流通。如果有了固氮菌，它持續抓住空氣裡的氮，變成氨之後留在泥土裡，地下社會能用的鈔票就變多。植物吸收硝酸根補充

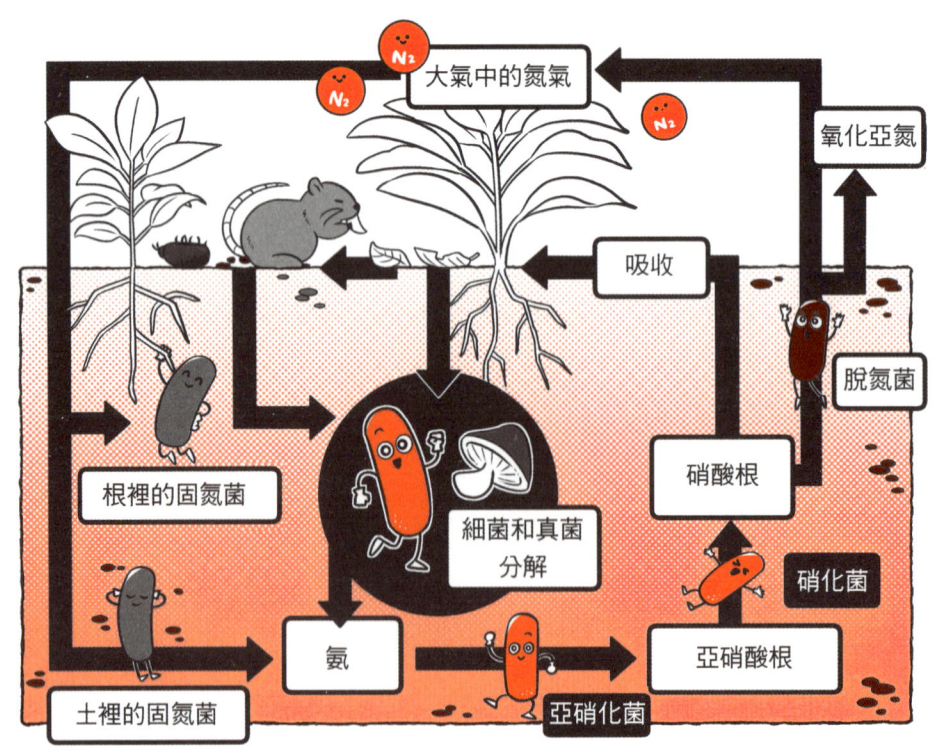

氮循環和參與的生物。

氮，生物死掉後放出來的是氨，因此植物無法吸收。這時就需要泥土裡的**硝化菌**將氨轉化成為硝酸根。所以不同生物要從泥土裡拿到自己需要的氮，還是需要細菌的幫忙。

▲ 拿細菌當肥料

固氮菌可以增加泥土裡的養分，對貝克星可能很重要。我稍微花了點時間調查，尤其想知道固氮菌怎麼持續取得含碳養分作為能源。原來固氮菌有很多種，有些拿別人沒本事分解的植物纖維當能源來源。植物行光合作用把二氧化碳變成醣類，身上的養分最多了。有些聰明的固氮菌跟植物談條件，你分我一些含碳養分讓我固氮，我分你一些固氮後製造的含氮養分作為回報。玩氮高手和玩碳高手合作，在根上交易，就能讓雙方都過著舒服的生活。固氮菌中的**根瘤菌**直接住進根裡，將植物細胞當作旅館，在細胞裡交換養分。根瘤菌就這樣與豆科植物合作，建立起長久的**共生關係**。

⚠ 生物肥料的好處

　　如果細菌可以提供養分給植物，那我們能不能在貝克星的土壤裡加上這些細菌，把細菌當成肥料呢？為農作物施肥，目的當然是給植物多一點的養分，長快一點。所以不管是直接給植物養分，或是給會提供養分的細菌，都可以達到相同的目的。這些能幫植物製造養分的細菌叫做「**生物肥料**」。地球人已經在嘗試，貝克星應該也可以試試看。

　　聽起來很棒，對不對？不過地球朋友告訴我，想要用生物肥料取代化學肥料，還是有點問題。化學肥料可以一次加很多，作物馬上就長得好，而生物肥料因為要等細菌生長，要產生效果還是慢了點。生物肥料畢竟是生物，所以可能與某種植物處得好，卻不能幫助另一種植物，不像化學肥料一視同仁。所以使用生物肥料時，還需要一些調整。我想我們的科學家應該有能力在貝克星進行類似的測試。

NO.2 二號檔案：地球人如何解決糧食危機

你知道嗎？ 生物肥料讓植物少量多餐

在農地使用肥料，雖然一次提供了很多養分，但下雨的時候，肥料會被雨水沖走或帶到泥土深處。養分往下流到植物的根碰不到的地方，植物就吃不到了。這些養分也可能會進到深層的地下水裡，汙染地下水，最後變成了麻煩。如果加入的是生物肥料固氮菌，為了不讓自己被沖走，固氮菌會牢牢吸在土粒或植物的根上，製造出來的氨就在根的附近，植物就可以天天進補了。

給地球人的任務

你種過黃豆嗎？把黃豆放在溼衛生紙上，黃豆就會慢慢發芽。如果種在土裡會怎麼樣？當然會變成一大棵（不是顆）黃豆啦！黃豆是豆科植物，是根瘤菌

的大飯店，吸引泥土裡的根瘤菌入住。你可以試試在土裡種幾棵黃豆，長大後輕輕拔出來，應該可以看到根上面出現了一顆一顆的細菌包喔！等一下！不是現在拔，記住要有耐心等黃豆植物長大喔！

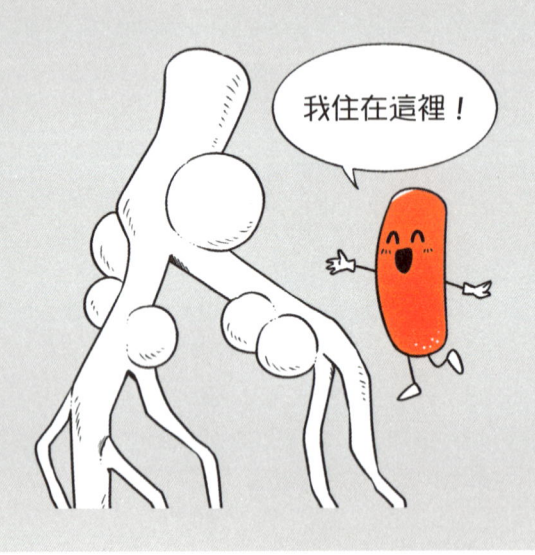

我住在這裡！

NO.2 二號檔案：地球人如何解決糧食危機

操控植物的神奇魔法
欺騙植物努力長大的細菌

焦點細菌

用激素操控植物的細菌

部分細菌有本事仿造植物的激素。它們住在植物上，會傳假聖旨影響植物，誘騙植物長成對自己有利的樣子，這樣就可以住得更舒適。

⚠ 勸植物不要保留實力

環境會變動，生物無法預知明天是晴天還是雨天，所以會預留一些備用能量，萬一環境突然改變，就能夠運用來應變。例如植物不會把所有能量用在生長，而是會保留一點實力，以備不時之需。這對植物來說當然是個好策略，但是如果能說服農作物全力生長，逼迫它們把保留的能力通通貢獻出來，農作物的產量或許能提高不少。

地球人想到可以利用激素來改變植物的決定。生物會下達化學命令，產生**激素（荷爾蒙）**控制全身細胞的運作。像是人類的大腦會分泌生長激素，放進血液裡傳給全身細胞，讓各處的細胞一起生長。植物也是一樣，會使用激素控制生長和發育。園藝店裡就可以買到植物的生長激素，加了能讓植物長快一點。這樣一來，農作物就會將所有的能量都用來長大。

NO.2 二號檔案：地球人如何解決糧食危機

你知道嗎？ **激素就像颱風警報**

夏天颱風多。中央氣象署會在颱風接近時發出颱風警報，大家才知道颱風要來了。有人趕快準備存糧，有人拆招牌，做好防颱對策。激素是生物體內的傳訊分子，就像是颱風警報，訊息放出後，全身各處的細胞都會收到通知，然後各自進行該做的事。像是生長是需要身體不同部位的細胞一起長，或是環境不好時，某些細胞停止生長、某些細胞準備對抗惡劣環境。只要以激素對細胞下命令，大家就可以同步開始做不同的事，合作達成目標。

⚠ 田裡的小幫手

如果幫田裡農作物加點生長激素，應該就可以讓農作物長得比較快。不過地球人一次會種很多棵作物，一棵一棵加也太累了。如果有人幫忙在土裡自動加生長激素就好了。地球的微生物學家發現，有很多生長在植物上和土

壤裡的細菌能夠製造出植物的激素，雖然未必跟植物的一模一樣，還是很有效。因此只要讓細菌在植物旁邊生長，就可以常常用激素提醒植物趕快長大。

這些細菌真是太棒了！它們是這輩子專門要來報恩的嗎？當然不是囉。細菌製造激素是為了自己，如果植物長得好，住在上面的細菌也可以從植物身上得到更多養分，就像股東分紅一樣。細菌製造的不只有促進生長的激素，也有控制植物樣貌的激素。這些激素控制植物長多少根，要不要分支。細菌想用激素干擾，誘導植物長成對自

我做的假鑰匙（激素）也可以啟動機器（植物）喔！

己有利的形狀。小小細菌居然能操控這麼大的植物,很神奇吧!

⚠ 給我繼續長大!

對生物來說,生長和保命是兩件重要的事。生物能取得的能量就是這麼多,必須好好運用才行。植物發現苗頭不對時就會停止生長,保留戰力,準備將能量拿來對抗惡劣環境。但如果農作物太過謹慎,一點點風吹草動就停止生長,像是泥土裡鹽分稍微多了一點,或是氣溫稍微高了一點,作物就不願意再生長了。這對地球人來說可不是件好事。作物也太嬌生慣養,應該要勇敢面對逆境的挑戰啊!地球朋友說這是植物內建的自保反應,植物的祖先用這種策略小心翼翼的在地球生物演化史裡存活下來,這是刻在植物的DNA中,改不了的。

環境不好的時候,負責警戒的細胞會放出激素,命令植物停止生長。地球的科學家發現某些細菌能夠阻止植物製造這種激素,讓植物恢復生長,變得天不怕地不怕,繼續長大。

⚠️ 給我提高警覺！

　　細菌也會提高植物對抗病菌的能力。有些細菌會直接對抗植物病菌，讓病菌沒有機會在附近落腳。有些細菌則是小搗蛋，會刺激植物，讓植物一直保持在戒備狀態。植物處在隨時準備作戰的狀態，若病菌真的進攻，植物會激烈抵抗，戰勝病菌的機會就會大幅升高。

你知道嗎？ 不會生病的農田

　　有些農田像被施了魔法一樣，即使隔壁田病害不斷，這裡的作物就是不會生病。這種**抑病土（能夠對抗病菌的土）**對抗病害不是靠魔法，而是常駐在土裡的細菌。這些細菌有些會製造化學武器殺菌，外來細菌一入侵就難逃被屠殺的命運，根本沒機會進攻植物。有些細菌會搶走生存需要的養分（例如鐵），讓病菌很難在土裡生存，就沒機會讓作物生病了。這些細菌只是為了保住自己的地盤，也順便保護了這裡的農作物。

給地球人的任務

家附近有沒有園藝行或農業資材行?去店裡找找園藝用或農用的益生菌。這些益生菌不是給人吃的,而是給植物的,幫助植物從土裡取得養分,以及製造植物激素的細菌。閱讀標籤上的介紹,看看益生菌有沒有促進根或植物生長的功效。

如果附近沒有這類店家,或是懶得出門,在網路賣場裡找找看「植物益生菌」,也可以查到很多相關資訊喔。

NO.2 二號檔案：地球人如何解決糧食危機

生病也不怕
幫忙植物殺死害蟲的細菌

焦點細菌

能當作殺蟲劑的細菌

植物害蟲是昆蟲，被細菌攻擊也會生病，不過吃飽的昆蟲通常很健康，不會突然生病死掉。因此要設計一套方法，幫助細菌對蟲發動攻擊，成為殺蟲劑。

害蟲就交給我吧！

67

⚠ 不請自來的蟲蟲

　　為了養活這麼多張嘴，地球人從幾十年前就開始進行大規模的農耕活動，並且大量依賴化學的幫忙。因為光靠土地自然產生的養分，根本不夠。工廠製造肥料，讓農作物快速且大量生長，植物被地球人當成糧食，自然也吸引到其他需要糧食的生物，靠過來看看能不能撿一點好吃的東西。所以洗菜時看到菜蟲，吃龍眼時發現鑽在裡面的小蟲，是理所當然的事。

　　但是農夫可不想把食物分昆蟲吃。面對這些跑來分享食物的昆蟲，地球人發明了殺蟲劑。殺蟲劑很有效，搶食的昆蟲很快消失。不過它太過有效，見蟲就殺。連沒對農作物下手，只是剛好路過的昆蟲都難逃毒手。昆蟲在大自然裡可重要了。花需要靠昆蟲授粉，泥土裡的植物殘骸需要它們切碎。不只昆蟲，其他生物也會受到毒害。如果蜘蛛被毒死，就沒有人可以在田裡幫忙捕蟲了。

> **你知道嗎？** **殺蟲劑的無差別攻擊**

你可能看過這樣的影片：小飛機從農田上空飛過，灑下殺蟲劑，一次就處理完一大片田。在台灣也可以看到農民背著一桶殺蟲劑，在作物上均勻噴灑藥劑。沒有人會先抓出害蟲再滴藥劑在害蟲頭上，而是採用大範圍的噴灑，殺蟲劑將會接觸到農田範圍裡的各種昆蟲和生物。常用攻擊昆蟲神經系統的有機磷類殺蟲劑，對益蟲和害蟲來說都是致命的毒藥。到處噴灑這種好壞通殺的毒藥，保護了作物，卻也影響了環境，不是最好的方法。

⚠ 會區分好蟲壞蟲的正義使者

地球人想要消滅害蟲，又想保護益蟲，難道沒有一種藥可以聰明的去找到該殺的目標嗎？地球朋友給我的答案是「沒有」。用眼睛看都不見得分得出是害蟲還是益蟲，殺蟲劑又怎麼認得出呢？

雖然從外表認不出這人是好人還是壞人，但是如果他做了壞事，警察可以根據他的行為認定他是壞人而逮捕他。如果有蟲啃了農作物，有犯罪事實，有沒有正義使者可以出來制裁它們呢？有的，而且很多這樣的農田警察正在田裡執勤。這些農田小警察，就是細菌。

⚠ 蘇力菌的地雷式埋伏

地球朋友說，過去幾十年，全球農民靠著**蘇力菌**幫助對抗在農田裡鑽來鑽去的蟲蟲。蘇力菌會產生**內孢子**，環境不好時就變成內孢子進入休眠，大睡一覺來度過難關。蘇力菌準備在植物上休眠時，會製造毒素，在內孢子旁邊形成**毒素晶體**。害蟲啃食植物時就有機會吞進黏在植物上的內孢子和毒素晶體。毒素晶體進到腸子裡，因酸鹼值的改變，而溶解回復成毒素，毒素是一種酵素，可以溶掉害蟲的腸壁細胞。吃錯東西的可憐害蟲這下腸子被溶了個洞，細菌從腸子裡跑出來攻占全身，就這樣一命嗚呼。

蘇力菌沒有一視同仁濫殺無辜。不啃植物的蟲就不會誤吃毒素晶體，所以不傷害植物的昆蟲就不會受害。

NO.2　二號檔案：地球人如何解決糧食危機

蘇力菌的內孢子
和毒素晶體

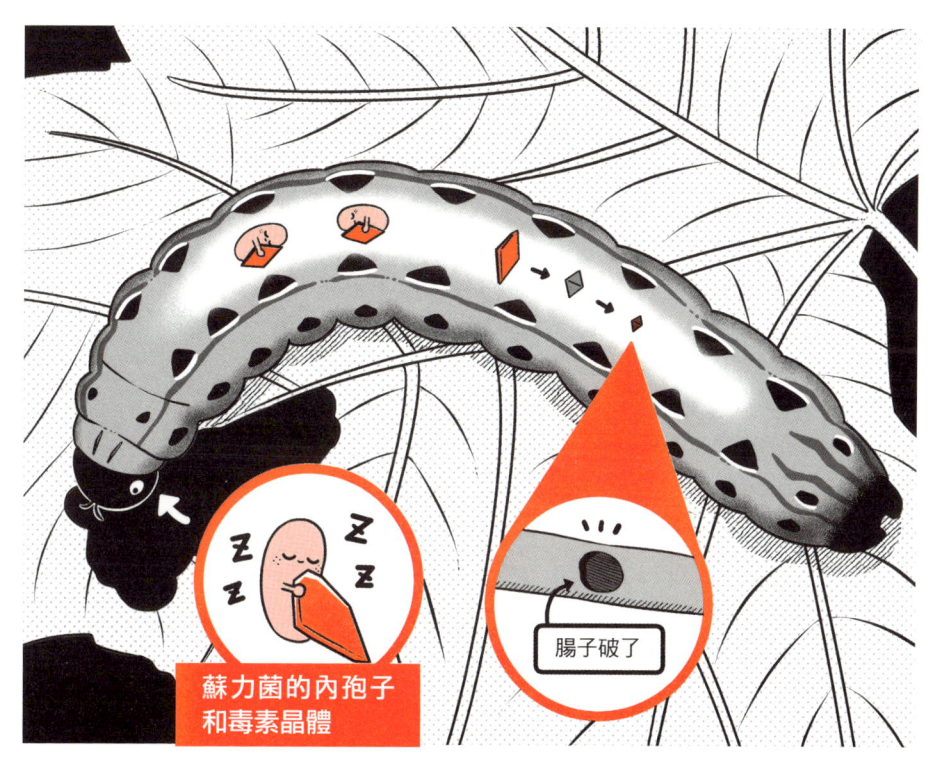

腸子破了

害蟲吃進蘇力菌的內孢子和毒素晶體，毒素晶體在腸子裡回復成毒素，溶解腸壁，害蟲因為腸子破洞而死亡。

這種殺蟲武器也太聰明了，只針對害蟲攻擊。不管灑在什麼地方，也只有啃植物的蟲有機會吞下。不過蘇力菌有個大缺點，就是留不住。因為是黏在植物表面，如果突然來了一場大雨可能就會被沖掉，一旦離開葉片，就不能再保護植物，失去保護作用了。

> **你知道嗎？** **各地的蘇力菌**
>
> 各地蘇力菌碰到的昆蟲對手都不一樣，如果用同一種毒素有用嗎？其實蘇力菌的毒素有好幾十種，對抗的害蟲也不同。所以當地的蘇力菌具有對當地害蟲最有效的毒素，各地科學家現在還持續發現不同的毒素。還有人試著直接將製造毒素的基因塞進植物裡，讓植物自己製造毒素。不過這種有毒素的**基因轉殖植物**（被人工加入外來基因改造的植物）就不適合拿來吃啦。

⚠ 細菌生化武器

蘇力菌不是唯一的生物殺蟲劑。蘇力菌出現之後，地球人發現原來可以利用大自然原本就有的微生物，作為對付害蟲的武器。現在已經證實有很多病毒、細菌和真菌能夠殺蟲，可以取代化學合成農藥。不過因為是生物，要能在商店貨架上擺放很久後還保有活力，又要一下田就變

身成殺手，並不是件簡單的事。未來地球人或許還能發現更多好用的生物殺蟲劑幫忙保護農作物。

化學殺蟲劑和細菌殺蟲劑的差別

	濫殺無辜	效果	影響農夫健康
化學殺蟲劑	會	快，但不持久	有毒，需要防護
細菌殺蟲劑	比較不會	慢，但不持久	對人無毒

給地球人的任務

蘇力菌容易買得到，對人無害，如果想看看它怎麼殺死害蟲，可以在家裡測試看看。將咖啡渣放在桌上兩、三天，吸引果蠅來下蛋，沒多久就會有蛆出現，在咖啡渣裡鑽來鑽去。家裡有其他可以吸引果蠅下蛋的東西也可以使用。將買來的蘇力菌依包裝上的指示配好，再把這些長蛆的咖啡渣分成兩

細菌偵查隊

盆,一盆加蘇力菌,另一盆不加,然後放著觀察。幾天後就可以看到效果了唷!

小提醒 請一定要注意安全,你操作的是細菌,要養成實驗後把手洗乾淨的好習慣喔。

細菌牌食物轉換器
從細菌獲取必要的養分

焦點細菌

可以吃的細菌

細菌和動物、植物一樣都是細胞組成的,具有相同的養分。其實細菌只要不會攻擊人,沒有怪味道,也可以拿來當成食物喔。

⚠ 為什麼細菌可以吃？

細菌也是生物，與我們和地球人一樣，由醣類、蛋白質、脂肪、核酸這些原料組成。所以不管是動植物的細胞，還是細菌的細胞，都可以當作食物補充養分。雖然細菌也可以作為食物，地球人卻很少吃。其中一個原因是細菌太小了，小到看不到，用筷子夾不起來，當然也就不會想到要去吃它。

你知道嗎？ 細菌是食物嗎？

吃細菌聽起來很可怕，其實在地球的食物裡還滿常出現的。優格、優酪乳裡有滿滿的**乳酸菌**，每次都是吃下幾億隻細菌。它們有益健康，而且有乳酸菌的食物都酸酸甜甜，很好吃。泡菜和酸菜也都是被細菌轉化過才有了特殊的風味。我們喜歡乳酸菌產生的酸酸的風味，但早期人類可不是因為愛吃酸才養乳酸菌。乳酸菌喜歡吃糖，別的細菌也喜歡。乳酸菌一到了有糖的地方，便開始發酵，很快

就把附近環境變成乳酸地獄。其他細菌耐不了酸，因此全數陣亡。乳酸菌可以吃到需要的食物，人類也因為乳酸菌消滅了會造成食物腐敗的細菌，食物可以保存得久一點。這在沒有冰箱的年代可是很重要的幫手呢！

⚠ 細菌是最棒的養分轉換器

我們吃下的食物在肚子裡消化，拆解成零件，一部分產生能量，一部分當作新細胞的原料。原本食物裡的細胞被拆解成小分子，用來重組成新細胞，所以就算吃素不吃肉，也會長出肉。有些地球人說「吃了牛肉就有了牛脾氣」、「開始吃素就慢慢長得像顆黃豆」，其實並不會，食物只能提供更新身體的零件。

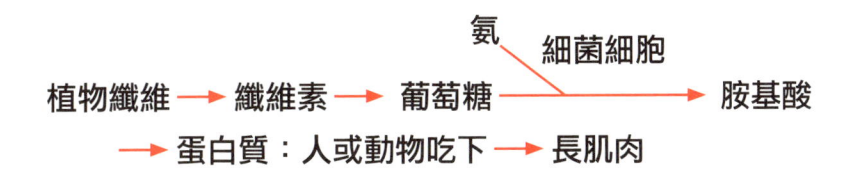

氨
細菌細胞
植物纖維 → 纖維素 → 葡萄糖 ────→ 胺基酸
→ 蛋白質：人或動物吃下 → 長肌肉

透過拆解重組，廢物也能變成養分。

細菌也是。不管細菌吃進什麼東西，長出來的還是細菌。許多不被地球人當成食物的東西，都可以成為某些細菌的養分來源。細菌會吃地球人的食物，食物沒冰起來酸掉壞掉就是因為被細菌偷吃。細菌也吃人不吃的東西，像是家裡的廚餘或是地上的枯枝落葉，細菌都能慢慢分解吸收，用來長成新細菌。不管這些養分是枯枝還是水果，經過細菌吸收轉換之後，通通變成了細菌的細胞。

▲ 變臉大師

地球人看出了這項技術的潛力。細菌將不好的東西變成好的東西，只要經過細菌轉換，不能吃的東西也變為能吃的東西。我覺得有點難接受，地球朋友卻說這是生物裡常見的事。像是用木屑製成太空包種香菇，就是讓種下的真菌，用太空包裡人類不吃的木屑作為養分，將木屑轉變成真菌細胞，最後變成人人愛吃的鮮菇料理。這就是利用微生物什麼都吃的特性，將不能吃的木頭變成食物。細菌也可以這樣做，而且長得更快，可以回收原本要丟掉的東西，轉換成細菌細胞。細菌不只回收廢棄物，行光合作

用的藍綠菌和藻類還能利用二氧化碳長出新細胞，直接把空氣變成食物。只要環境適當，細菌就像個迷你小工廠一樣，努力生產醣類和蛋白質，讓我們收集利用。

▲ 單細胞生產器

細菌雖然可以轉換地球人不能吃的東西成為能吃的蛋白質，但是細菌蛋白還是沒辦法像雞排裡的蛋白和油脂那麼好吃，要直接成為地球人的食物滿困難的。地球朋友說幾十年前有公司嘗試將細菌蛋白當作飼料，餵養不挑食的動物，他們以細菌蛋白質為原料製造飼料，可惜當時成本和價格還是太高，最後從市場上消失了。不過若是在貝克星缺乏食物的狀況下，或許可以考慮利用細菌生產食物，可能會是個可行的方法。

地球人還會用細菌生產食物裡的某個特定成分，例如味精，當初就是為了要模擬海帶的美味才開發的。現在的味精不是從海帶裡萃取，而是請小小的細菌在工廠發酵槽裡製造的。人類也利用細菌製造食物裡特別珍貴但含量不高的養分，像是地球人身體裡用來製造**維生素A**的原料

「**類胡蘿蔔素**」。如果想大量補充類胡蘿蔔素，得啃掉好多條紅蘿蔔。利用細菌大量製造，就可以幫助沒辦法常吃含類胡蘿蔔素食物的人補充養分。

你知道嗎？ 細菌是生長冠軍

細菌應該是生長速度最快的生物。「生長」就是在細胞裡面製造新的細胞，當需要的零件逐漸製造完成，慢慢撐大細胞到大小差不多接近原本的兩倍大時，中間隔開就從一個細胞變成兩個了。細菌的細胞很小，沒有複雜的構造，很快就能組出新細胞。因此在生長條件適當的時候長得很快，生產出來的養分比農作物還多，是個值得好好研究的糧食生產方式。

細菌生長速度

時間	1 小時	5 小時	10 小時	16.5 小時	1 天
數量	4	1000	一百萬	八十六億	三百兆
重量	5 pg	1 ng	5 μg	43 mg	1.4 kg

pg= 一兆分之一克　ng= 十億分之一克　μg= 百萬分之一克　mg= 千分之一克　kg= 一千克

給地球人的任務

在家裡做優格，就是在養可以吃的細菌。先拿到市售的優格當菌種。接著加熱鮮奶到溫溫的（約43～45°C），打散優格放進鮮奶裡。裝優格的玻璃容器預先泡一下沸水消毒放涼，然後倒進加了優格的溫鮮奶，加蓋防止空氣中的細菌偷吃。在廚房檯面放隔夜，細菌就把鮮奶變成優格了。不過如果聞起來、吃起來有怪味道，那就是被雜菌偷吃了，可別再吃啦！

報告最後的問候

　　以上是我的第二份報告。現在我大致了解地球上的泥土跟微生物怎麼合作,讓綠色植物可以在地球上長得這麼好。我很驚訝原來有這麼多種細菌默默的工作著。這麼精巧的機制,到底怎麼設計出來的呢? 實在是太有趣了。希望在貝克星的大家也能從這些資訊找到方法,幫助貝克星變得越來越好。我迫不及待想要看看大家想出來的好方法了呢!

雷文

No.3
三號檔案
整理地球

| 調查對象 | 地球人製造的汙染 |
| 調查目的 | 讓貝克星回復乾淨——清理垃圾，微生物也幫得上忙 |

雷文送回貝克星的第三份報告。內容如下：

我已經在地球住了二十個月了，很喜歡這個星球。這裡的景色跟貝克星很不一樣，自然環境放眼望去都是綠色的。不過地球人比貝克星人多很多，認為地球永遠都會是個天堂，不太在意自己製造出來的汙染，也不擔心廢物可能會毒死自己。

我發現不管是地球的陸地還是海洋，都有很多細菌幫忙清理廢物。不知道是不是因為地球的復原力太強大，讓地球人有了錯覺，覺得可以無限制揮霍地球。根據我的計算，地球人的廢物應該已經多到超過細菌能處理的範圍。這點讓我很擔心，但又沒辦法阻止或警告他們。我先把找到的細菌清理機制記錄在這份報告裡，提供給大家參考。以下是我的報告。

細菌偵查隊

太多塑膠了怎麼辦
尋找吃塑膠的細菌

焦點細菌

分解塑膠的細菌

塑膠是有機物，理論上可以當成養分供應能量。但是沒有細菌專門製造分解塑膠的酵素，因為塑膠是人造品，不是野生細菌有機會看過的食物。現在能處理塑膠的細菌，都是剛好有勉強可以拆解塑膠分子的武器，所以效率差，不好用。但僅只是這樣，就讓它們成為塑膠戰爭裡的主要希望了。

雖然不好吃，但還可以啦！

貝克星上沒有塑膠。這種材料很容易加工，可以製造成各種形狀，可軟可硬，是地球人生活裡經常使用的材質。但請大家不要羨慕。塑膠進到地球人的世界也才一百多年，帶來的問題已經開始浮現。器具會慢慢崩壞分解，才能確保任何器具到了用不到的時候，能自己靜靜退場。如果它們一直堆著不消失，我們就要煩惱處理的問題。

　　地球上器具的崩解主要是因為微生物。細菌和塑膠相處的時間，最多也只有一百多年。一百年對我們來說超過一輩子，很長，但是在生物演化史上真的很短，短到很難讓細菌演化出能消化塑膠的酵素。如果連微生物都束手無策，塑膠就會一直堆積在地球上。這是地球人得要解決的大問題。

⚠ 太陽光來幫細菌的忙

　　微生物並不是地球唯一的分解力量。我的塑膠花盆一直放在屋外晒太陽，一陣子之後就會開始變色、變質，然後碎裂。太陽裡的紫外光帶著強大的能量，可以打斷塑

膠分子的鍵結，將原本接得好好的分子弄斷一小部分。外表看起來大致一樣，但是結構慢慢變得脆弱。因此太陽也是分解塑膠的好幫手。

太陽可以慢慢讓塑膠碎裂，卻沒辦法讓它消失，還是得靠微生物。當年開發塑膠時，就是希望耐用不易壞，所以選的是微生物沒辦法分解的材質，現在的後果其實是地球人自己造成的。還好最近幾年慢慢發現具有分解塑膠能力的微生物。細菌原本用來分解其他養分的酵素，剛好可以切斷塑膠分子。就好像在野外可以折兩根樹枝當筷子，雖然不是筷子，也能湊和著用。這些酵素切塑膠效率差，不好用，但還是可以慢慢拆解。只要再給細菌一點時間演化修改，這工具一定會越來越好用。

不過現在呢，地球環境裡還沒有出現能讓塑膠快速消失的魔法細菌。如果把廚餘丟在環境裡，三天後會被蚯蚓和其他生物吃得乾乾淨淨。但是如果將塑膠丟在環境中，會留在原地很久，幾十年後才會慢慢消失。少用塑膠才能拯救地球。

| 你知道嗎？ | **哪種塑膠最好吃？**

答案是，都不好吃。對細菌來說，塑膠不是容易分解的東西，如果有得選，一定會選別的吃。廚房裡常用的 PP 和 PE 塑膠，現在都有細菌可以分解。寶特瓶是 PET 塑膠，前幾年也找到它的細菌剋星了。只不過要分解這些塑膠需要好多好多年，而你不到一天就產生好多塑膠垃圾，這樣怎麼分解得完啦！細菌要抗議了喔！

▲ 塑膠大陸的傳說

從前從前有個在海上漂流的塑膠大陸，面積有幾百萬平方公里，一望無際。這不是電影情節，而是正在地球的美國加州外海太平洋上存在的事實。這些塑膠因為洋流的關係，聚集在這裡，垃圾多到讓人沮喪的地步。地球科學家發現已經有很多生物在這裡落腳，有到處找地方附著的藤壺，當然也有各種微生物。這些主要是**塑膠的垃圾帶**

正在改變地球環境，影響地球上的生物。這裡聚集的大量細菌，會不會汙染海洋，影響地球人的健康呢？垃圾帶離陸地很遠，所以地球人暫時可以放心。地球科學家的確發現這裡的某些細菌特別多，但不是病菌，想知道它們對人類的影響，還要靜待科學家的後續研究。

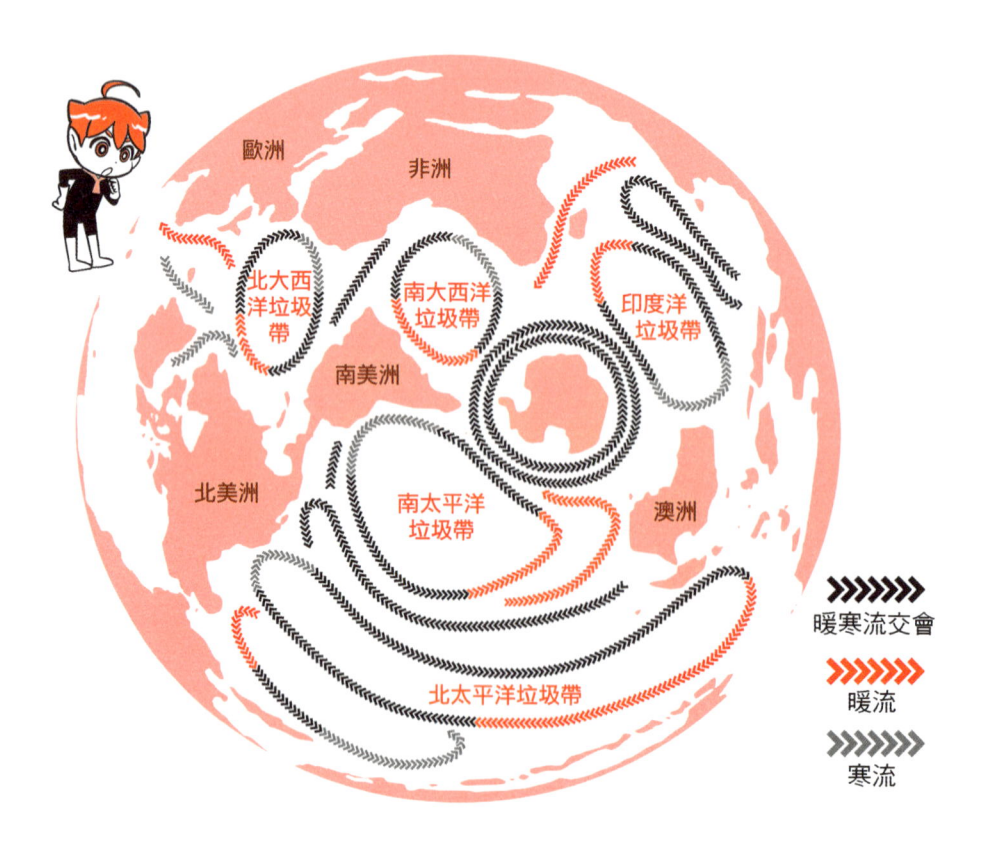

地球海洋垃圾帶。

⚠ 山裡海裡的塑膠微粒

塑膠在太陽和微生物的攻擊下慢慢碎裂，從眼前消失。但是這個「消失」不是真正消失，只是變成小顆粒看不見了而已。塑膠碎裂變成小顆粒之後，更容易跟著風、水移動，也更容易被動物吃進肚子裡，卡在魚的鰓，或被當成食物吞進細胞裡。地球人還來不及搞清楚它有什麼危害，各種**塑膠微粒**已經攻占土壤、河流和海洋。人們吃到的魚體內有可能出現塑膠微粒。這些微粒只能靠陽光和細菌分解，絕對還需要很久很久的時間。今日地球人丟的垃圾，可能直到下一代長大了，都還沒被細菌分解完呢。

塑膠微粒大小	2 mm 以上	0.2～2 mm	20～200μm	2～20μm	不到 2 μm
相同大小的生物	小魚小蝦	節肢動物	矽藻‧甲藻	原生生物	細菌‧病毒

mm= 十分之一公分　μm= 萬分之一公分

各種大小的塑膠微粒。

細菌偵查隊

你知道嗎？ 塑膠裡的其他物質

生產塑膠時，工廠會加入一些特殊成分調整塑膠特性，例如加入阻燃劑，讓塑膠不容易燃燒，火災時才不會助長火勢。這些不同的添加物本來好好的封在塑膠裡，但是當塑膠開始碎裂分解時，就會釋放出來。有人試過把塑膠放在湖水裡，再用強光模擬太陽曝晒，結果泡了幾天，塑膠內滲出了一些能讓細菌生長的養分，塑膠垃圾中的物質也會在山裡、海裡養細菌。這對環境可不好了！

給地球人的任務

你可以看看家裡塑膠製品上的標示，認識不同種類的塑膠（PET、PP、PVC、HDPE、LDPE、PS等），看看家裡哪一種塑膠最多。觀察一下最常被丟進垃

圾桶的是哪一種塑膠。如果有機會在路邊看到塑膠垃圾，也看看是哪一類塑膠。統計一下最常從家裡離開、流落到環境裡的是哪一種塑膠，下次看到，想想能不能重複使用，讓它在家裡留久一點。

NO.3　三號檔案：整理地球

好毒好毒的地球
細菌掃毒大隊

焦點細菌

分解毒物的細菌

很多毒物是人類製造出來的有機物分子。有機物分子都有碳骨架，都有潛力可以被分解，放出能量。細菌只要有辦法不被毒死，就有機會拆解毒物的鍵結來得到能量。同時，也成為了清理地球的救星。

⚠ 自私地球人放出的惡鬼

地球人鑽研化學，掌握重塑分子的能力。工廠一間間蓋起來，生產促進人類福祉的化學材料，同時也留下了有毒廢物。有良心的工廠會花很多心力，將有毒廢物處理到無害了才讓它們離開。也有工廠不這麼做，沒處理直接放出這些化學惡鬼。這些有害分子流進溪流，滲進土地，毒害周圍環境中的生物。

事情已經發生，做任何補救通常都是事倍功半。要去除環境裡的這些毒物很困難。想像被汙染的整片田地，難道要挖起所有泥土清洗嗎？這是不可能的任務，地球人只能把最後的希望，放在環境的微生物上。

⚠ 有機溶劑汙染

地球人的近代歷史裡，就有好多起毒物汙染事件。一九七○年代，在桃園生產電視的RCA工廠，將生產過程產生的有機廢物倒進地下水井，以為埋起來就沒事。後來這些毒物慢慢從水井滲進地下水裡，對附近居民的

健康造成重大影響，成為台灣土壤及地下水的重大公害事件。

這些有毒的化學物質，能不能被細菌分解呢？從分子結構來看，這些化學物質大多是含氯的有機化合物。氯有毒，細菌很難接近，只能遠遠的在濃度很稀的狀況下慢慢分解，要花上好久的時間才有可能清理完。所以這類分子還會在地球存在一段很長的時間。

> **你知道嗎？ 分解含氯有機化合物**
>
> 三氯乙烷是RCA工廠公害現場偵測到的有機汙染物。它是有兩個碳的乙烷加上三個氯的分子。細菌分解有機物是為了拿出能釋放能量的碳，但是在碰到三氯乙烷的碳之前，得先有特殊本事切掉擋在外面的氯。只有能夠切掉氯，又不被毒死的細菌，才能執行這項艱難的拆除毒物任務。

還有很多種有機化合物，偷偷逃離工廠，跑進環境裡。這些人造化合物，如果是結構穩定的**環狀化合物**，就很難分解了。若是外圍有氯或溴，具有毒性，就更難了。這些連細菌都不愛吃的壞分子，會長時間停留在環境裡，很難清除。解決這個問題最好的方法，就是不要讓它們離開工廠，直接在工廠裡拆解。

難以分解的環狀化合物，可以在工廠中先利用細菌幫忙分解。

▲ 農藥也是問題

地球人使用很多農藥。農藥是農民的好幫手，快速殺死妨礙農作物生長的雜草或害蟲。農藥廣灑在田裡，等於到處任意轟炸，被雜草吸收就殺雜草，碰到害蟲就除害蟲。可是農藥不只殺害蟲，它們的機制同時也殺掉益蟲。這些還在土裡的農藥，就變成了無差別屠殺武器，見一個殺一個。

這麼恐怖的東西最後也得仰賴細菌幫忙處理。殺蟲劑跟殺草劑大多是環狀化合物，有些也含有氯，可能會毒害細菌。地球最終還是出現了能分解這些農藥的細菌，不過分解速度不快，只能慢慢清除這些不屬於地球自然界的毒物了。

⚠ 更難消除的金屬

地球的工廠不當排放的汙水裡，還有一種更難清除的毒物，「**重金屬離子**」。重金屬離子對細胞有毒，濃度高甚至會造成死亡。在受到重金屬汙染土地上生長的農作物，吸收重金屬離子受到毒害。台灣發生過鎘米事件，化工廠排出含鎘的廢水，鎘離子汙染了農地，農地生長的稻子吸收了有毒的鎘，存進稻米中。還好發現得早，不然這些鎘米就在廚房變成香噴噴的飯，進到人類的身體裡。

重金屬不只來自化工廠，地球人的生活中許多東西都含有金屬，像是電器或手機裡的電路板。變成垃圾丟棄後，沒來得及回收的金屬就可能從垃圾場逃脫，碰到酸溶

解變成離子，進入環境中。

離子不能被分解，發生核反應才能拆解它，自然環境裡當然不可能發生，所以跟著汙水進駐的重金屬離子，就只能永遠留在泥土裡了嗎？原則上，是的。但是細菌還是努力幫地球人擋掉了一些危害。細菌也害怕重金屬離子的毒性，它們有保護自己的機制。有些細菌製造特殊蛋白質來抓住身邊的重金屬離子，自己就不會受到傷害。重金屬溶解時，可以變成不同價數的離子，毒性不同。例如鉻可以變成帶三個正電的三價鉻離子，或帶六

細菌解毒的方法有兩種，一種是做出蛋白質包住毒物，另一種則是將毒物轉變成毒性較低的樣子。

個正電的六價鉻離子。工廠排出來的是六價鉻離子，毒性比較高。土裡的細菌一碰到，會趕緊將它變成毒性比較不高的三價鉻離子。細菌的自保機制雖然不能完全清除掉重金屬，但是可以降低毒性。細菌只能幫到這裡，剩下來就要靠地球人自己努力了。

你知道嗎？ 植物可以吸走重金屬

前面提過農作物會吸收重金屬，所以也能利用植物，像海綿一樣從土裡吸出重金屬。把植物種在受到汙染的泥土裡，以植物的根吸收重金屬，留在植物體內。植物長大後，再連同植物內的重金屬一起處理掉。

給地球人的任務

咖啡裡有咖啡因，可以提神，受到人類的喜愛。咖啡因是咖啡樹製造出來，用來對抗喜歡啃咬種子昆蟲的毒藥，吃下種子的昆蟲會因為亢奮失調而死。咖啡因對很多土壤細菌有毒，如果把廚餘丟進土裡，很快就會被微生物分解。但是如果將咖啡渣和土混合，得先等某些細菌分解掉咖啡渣裡的咖啡因後，其他細菌才能一湧而上開始吃咖啡渣。你可以拿個可密封的桶子，放入家裡不要的咖啡渣，以 2：1 比例和土混合，然後蓋上蓋子。每週打開蓋子看看，你會發現咖啡的氣味慢慢散去，細菌帶來的土的氣味慢慢飄出，白色真菌菌絲也開始長出來。這就代表咖啡因已經被分解，微生物們開始吃大餐了！

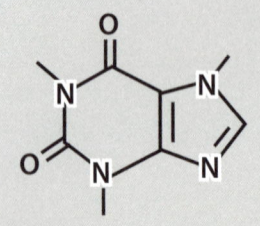

咖啡因是有環狀結構的化合物。

小提醒 進行實驗時，記得徵求家人的同意喔。

No.3 三號檔案：整理地球

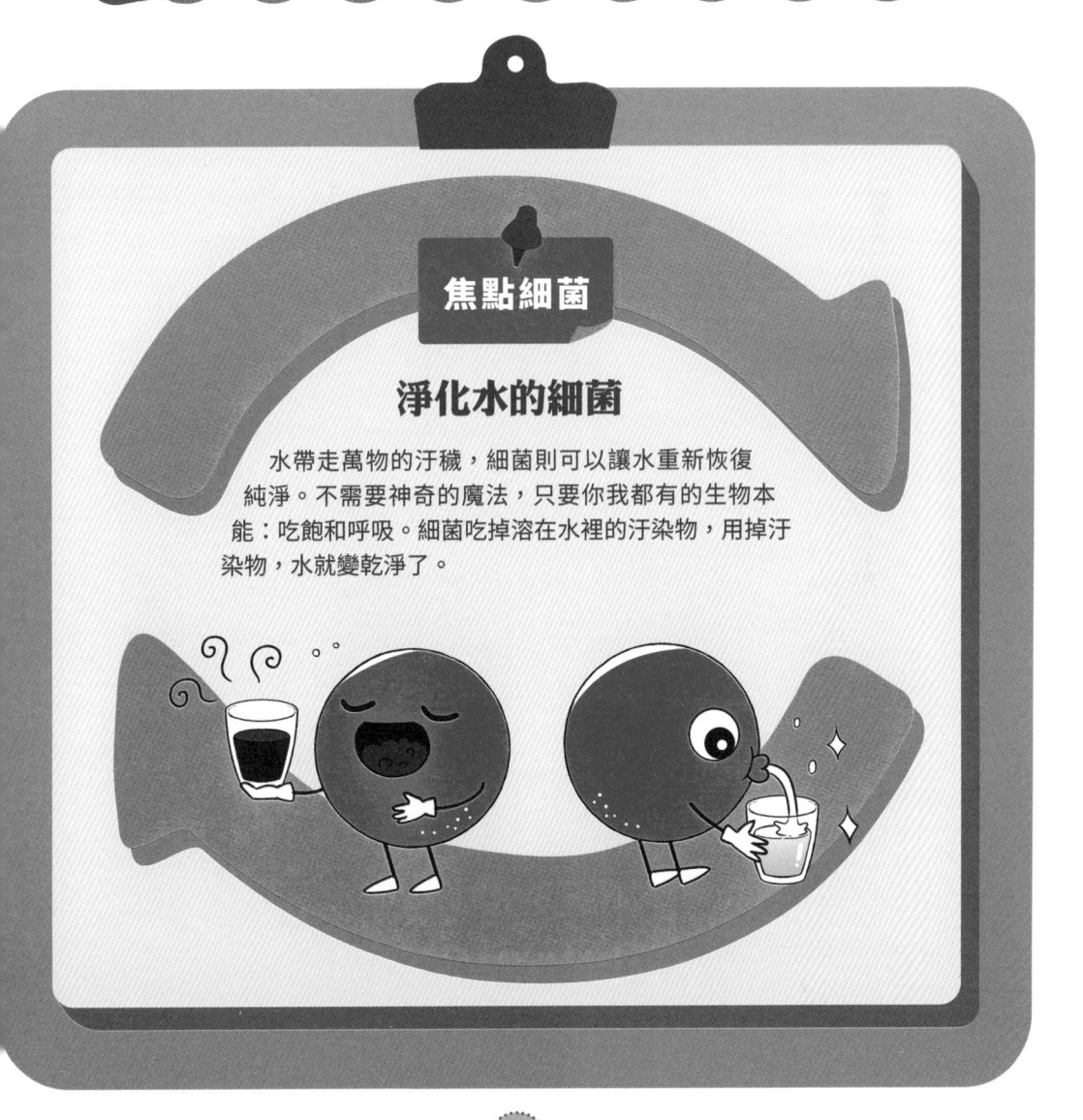

讓髒水變乾淨的魔法
細菌吃東西的同時就可以淨化水

焦點細菌

淨化水的細菌

水帶走萬物的汙穢，細菌則可以讓水重新恢復純淨。不需要神奇的魔法，只要你我都有的生物本能：吃飽和呼吸。細菌吃掉溶在水裡的汙染物，用掉汙染物，水就變乾淨了。

細菌偵查隊

▲ 讓水回復純淨

　　所有生命都需要水。貝克星上的生物需要水，居民人數更多的地球也是。不管在哪個文化，水帶來生命，也幫生命洗去塵垢，恢復善良的本性。這些帶著塵垢被弄髒的水，有機會再次恢復純淨的本性嗎？有的。要讓水恢復原本的純淨，不需要特別的魔法，而是靠細菌。不過，在細菌上場之前，得先靠政府和法律規範。

▲ 讓汙水變乾淨

　　水是有限的資源。地球上負責任的政府會訂定法律，不讓國民任意汙染環境。工廠製造商品的過程中，如果使用水洗去髒東西，這些髒水要先利用汙水處理設備去除髒東西後，才可以排放到環境裡。像是食品工廠清洗食品原料的水，使用完後的水裡殘存不少的養分，如果直接排到河裡，會讓河水細菌開心生長，產生臭味。怎麼除掉這些溶在水裡的東西，難道要用大鍋煮乾所有廢水嗎？廚房水槽的廢水和廁所馬桶的廢水，又該怎麼辦呢？

NO.3　三號檔案：整理地球

你知道嗎？ **汙水處理廠是細菌自相殘殺的戰場**

　　細菌愛吃有機物。汙水裡養分多，處理汙水時，汙水處理廠會在池子中打氣，讓細菌在裡面開心吃、快快長，完全不知道這是人類特別設計好的圈套。細菌用掉溶在水裡的有機物，讓它們變成二氧化碳消失。接著，細菌坐等新的食物，食物卻沒有來，只能待在原地呼吸日漸消瘦，撐不住死掉的細菌就變成了其他細菌的中餐。就這樣，我們利用細菌讓汙水裡的養分慢慢轉換成二氧化碳，消失在空氣裡，有機物沒了，水就變乾淨了！

⚠ 溶在水裡的東西變氣體

　　要依靠人工方法移除溶在水裡的汙染物，實在太困難了。大自然讓細菌去做生物最會做的事——吃飽和呼吸。細菌吸收水裡的汙染物作為養分，然後從這些養分得到能量生存，養分分子經過呼吸作用變成二氧化碳。二氧

細菌偵查隊

化碳是氣體,就飄散了。含有蛋白質有氮的汙染物也是一樣,細菌處理後,一部分變成氣體飄走。因此在汙水處理廠,只要放進對的細菌,就可以吸收水中這些含碳、含氮的汙染物,轉變成氣體分子飄走。

雖然汙水裡還有其他各式各樣的汙染物,只要利用細菌,就能清除掉數量最多的含碳、含氮有機汙染物。地

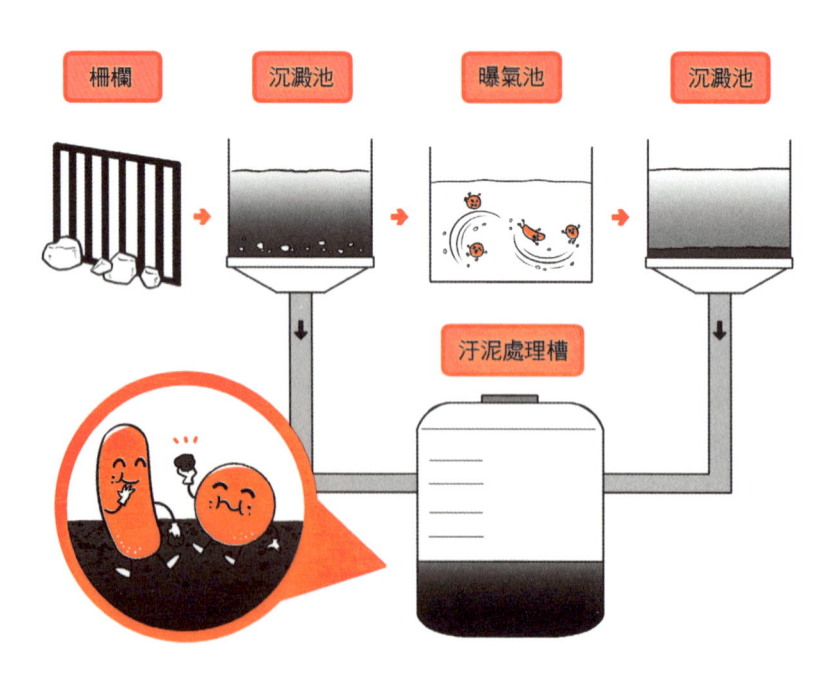

汙水處理廠的汙水處理步驟。柵欄攔下體積大的垃圾,沉澱池去除水中懸浮的固體汙染物(汙泥後續也會以細菌處理),曝氣池提供足夠氧氣讓細菌分解溶解在水中的有機物。

球各地的汙水處理廠都是這樣利用細菌的能力幫忙清理汙水，地球人真的應該要好好謝謝細菌。

⚠ 天然汙水處理廠

地球人製造的汙水，靠汙水處理廠清理。自然界也有會汙染水的東西，就是大小便、動植物死掉後腐爛的屍體等，來自自然，但一樣是髒東西。被自然界髒東西弄髒的水，有機會恢復原狀嗎？地球似乎一直有乾淨的水源。我看過有人販賣標榜乾淨天然的山泉水。我很好奇這些山泉水從哪裡來，難道地球有個水龍頭，從石頭縫裡流出沒有使用過、乾淨的水嗎？

經過調查，我發現地球的水一直在循環。飲用的純淨山泉水搞不好在不久之前還泡著大便呢。水落到地面，在地面搞得髒兮兮。這些髒水滲進土壤，在泥土顆粒縫隙間前進，同時被土壤過濾。土裡的微生物會用掉水裡的養分。水繼續往下滲，被一路上遇到的生物吸走水中養分。抵達地下水層的時候，水裡能吃的東西差不多被吃光，就變回了原本純淨的狀態。從功能上來看，我覺

得整塊地球土地就像住滿細菌的超大型過濾海綿。

地底下的水，經過的路上碰到岩層，會溶解帶走岩石裡的一些成分。乾淨的水被加料，於是地下水的成分依附近岩層種類而改變，可能偏酸性或偏鹼性，硬水或是軟水。有人還喝得出各區地下水的不同味道，甚至有「品水師」這種職業。

如果流過的地層有地熱，水就會被加熱，像被熱水

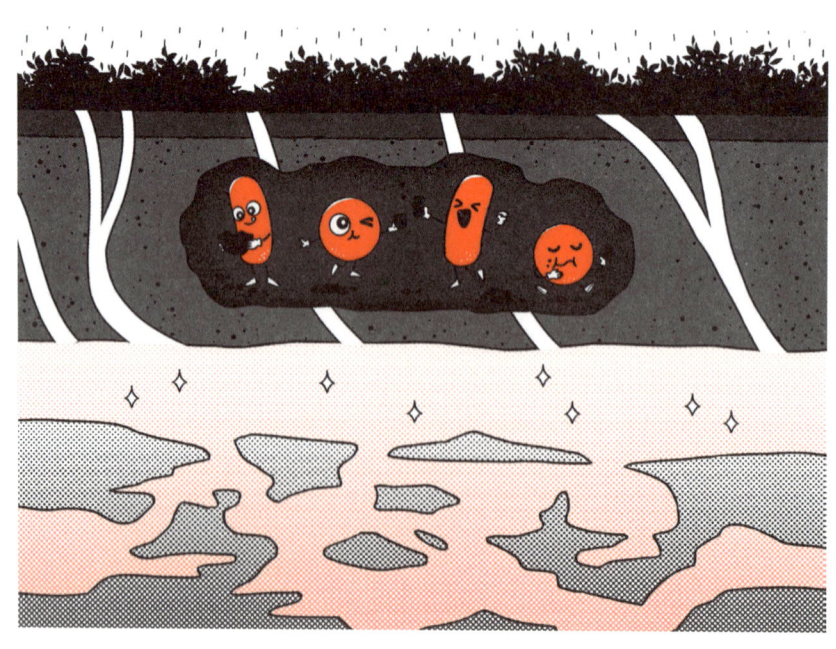

地下水的形成。土壤就像是住著細菌的巨大海綿，過濾掉雨水中的有機物，因此地下水通常是乾淨可飲用的。

器加熱一樣。這些熱水衝出地面，就是溫泉。不同的化學成分和溫度，也影響著哪些細菌可以住在泉水中。各地泉水的成分不一樣，就適合不同的細菌生活。下次泡溫泉時，記得水裡可能就住著全世界沒有人認識，只有你遇到的未知細菌唷。

你知道嗎？ 地下水層裡沒有病菌

過去我們都覺得地下水乾淨到可以喝。畢竟地下水經過那麼厚的土壤層過濾，水裡連養分都沒有，應該沒有什麼細菌吧？直到有了利用DNA檢測生物的技術，我們才知道原來地下水裡有不少細菌，雖然養分少，還是有很多細菌可以靠著岩石裡溶出的養分生存。地下水層是個不容易討生活的地方，所以習慣大量揮霍能量的病菌，在這裡是活不下去的。

不過有個例外，如果地下水層有地表持續送來的養分，或是土裡的有機養分太多，的確有機會讓地下水裡也充滿著不好的細菌，因此喝地下水之前請三思。

給地球人的任務

說到旅遊，一定不會有人想去參觀汙水處理廠。但是你不一樣，因為你知道那裡住了好多讓水變乾淨的細菌。

台灣很多汙水處理廠開放大眾參觀。你可以自己上網，或請爸媽幫忙，預約時間去了解廠區裡的大池子、大機器是怎麼將整個城市居民弄髒的水，變成乾淨可以排放到河川裡的水。

No.3 三號檔案：整理地球

🔓 大海不是垃圾場
幫人類收拾爛攤子的微生物

焦點細菌

清除養分的細菌

在有機養分多的地方，吃得多、長得快的細菌就會出現，消耗掉這些養分。有些細菌生長時不需要氧氣，沒有氧氣也能活，所以就算環境惡劣到連氧氣都沒了，它們還是可以繼續消耗、清除掉不該出現的養分。

> 食物太多了，怎麼吃都吃不完。

111

⚠ 什麼東西都會流向大海

地球是個海洋面積比陸地來得大的星球。因為陸地比較高，所以雨水會沖下陸地上的東西，流向大海。溪流帶走的東西，最後也送往大海。風從陸地帶走的東西，飛行一段距離後終究也是掉進海裡。地球人似乎認為大海可以包容一切來自陸地的罪惡，所有東西沉到大海深處，從此消失。

事實並非如此！髒東西送進大海，只會變成大海裡的髒東西，不會變成寶，也不會消失。地球人以為海很大，盡量倒不用怕，其實倒了這麼多年的垃圾後，地球海洋已經出現明顯的問題。就我收集的資料來看，來自地球人的汙染已經造成嚴重的生態問題，只是大部分的地球人假裝不知道而已。

⚠ 可怕的塑膠垃圾

從人居住的地方流向大海的髒東西有哪些呢？垃圾絕對是最大宗。有地球人的地方就有垃圾，光是站在海

邊,就可以看到海灘上好多的飲料杯、爛拖鞋。

　　這些垃圾裡,一部分是細菌能吃的有機物。細菌將這些有機物作為養分來源,而細菌代謝的產物有臭味,這是對海洋的第一個傷害。塑膠也占了垃圾很大一部分,三號檔案中「塑膠大陸的傳說」裡提過海洋裡可怕的塑膠垃圾大陸,這次我搭船到海上實地觀察,才真正感受到它有

塑膠垃圾對海洋的危害。漂在海上的垃圾會阻礙航行,海洋生物誤食死亡。塑膠微粒也可能透過食物鏈進到人體影響健康,塑膠垃圾還會改變自然界的生態環境。

多驚人。塑膠垃圾在陽光和海水的摧殘下慢慢碎裂成塑膠微粒,可能會被海洋生物吞下肚,再回到人類身邊。

> **你知道嗎?** **這個時代的腐海**
>
> 　　動畫《風之谷》裡的世界,腐海入侵人類的村落,腐海生物釋放毒氣,造成附近的生物死亡。但是人們不知道腐海生物是在幫忙淨化土地,經過腐海的處理,地底下變成一個乾淨的世外桃源。真實世界裡微生物也在幫忙回復環境,像是海洋死區中的微生物,看起來像是加害者,應該要被清除。其實它們正在慢慢將地球變回原來的樣子,幫不負責任的人類收拾爛攤子。

⚠ 死亡海域

　　很多國家的大河出海口,或港口附近的海底,慢慢變成了「**死區**」。聽起來很可怕,會有這樣的名字,是因為這裡一片死寂,沒有任何生命跡象,而造成死區的原因

竟然是營養太多！人類活動排進大河裡的廢水常常含有大量細菌還能利用的養分。一般狀況下，細菌一偵測到養分就一擁而上，邊吃邊長，一下子就消耗完養分。養分吃光後無以為繼，細菌又會自然餓死消失。

如果養分太多，細菌吃了後快速長出新個體，新個體又長出新個體。細菌的數量在短時間內爆炸性增加。每隻細菌都會消耗氧氣，因此用光了附近的氧氣，其他需要

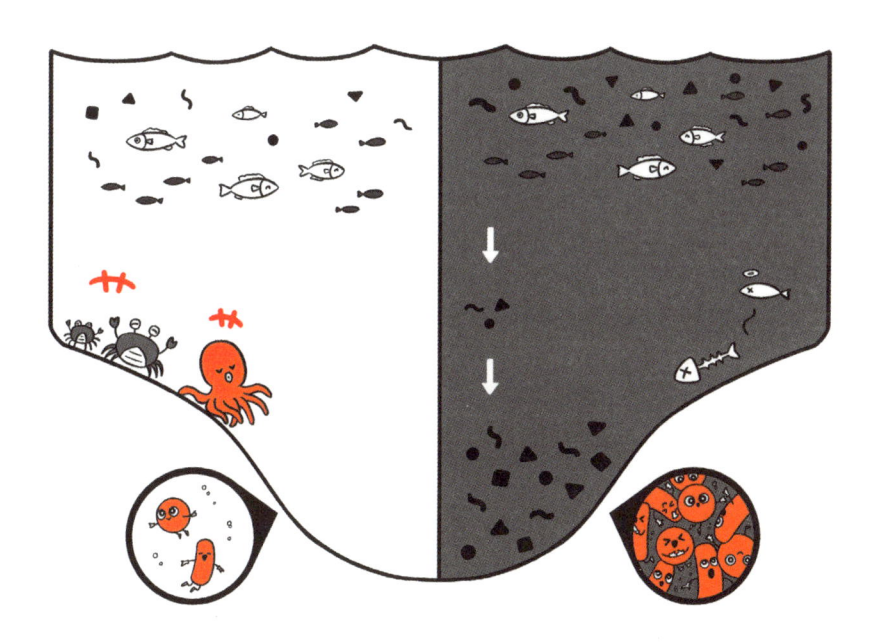

左邊正常海底生活著各種海洋底棲生物，右邊的死區海底只剩細菌繼續分解著從上方沉下的各種有機養分。

細菌偵查隊

氧氣的生物就完蛋了。這些受影響的生物能逃的就逃，不能逃的就死亡。這種情況最容易發生在大河出海口，或是港口，陸地上流入大海的汙水帶來大批養分沉在海底，讓整片海底窒息。

死區內沒有動物活動，但還是有滿滿的細菌在工作。雖然用光了氧氣，卻也正在消耗人類丟棄的有機物。有機物用完，環境才有機會恢復到有氧氣的狀態。只有人類停止排放汙水，細菌變少，死區才有可能重新獲得氧氣，讓海底恢復生機。

你知道嗎？ 鯨魚最後的溫柔

「**鯨落**」是鯨魚留在海底的巨大屍體。海洋裡的屍體都是祝福，是前一個生命遺留給未來生命的恩賜。因為海底食物稀少，從上方有光的世界緩緩降下來的食物，可以養活好多好多海底世界的生物。這些養分也可以讓海底泥沙裡的細菌吃上好多年，徹底改變這裡的微生物組成。

這樣的話，若往海裡丟個家具，就能讓海底細菌快樂

生活三年，難道不好嗎？這就難說了。生態系裡某些生物突然變多，可能會出現連鎖效應，傷害到其他生物，前面提到的死區就是這樣的狀況。如果是自然發生的，可以確知會回復正常；如果是人為的，那可就不一定了喔。

⚠ 我掉了把鐵斧頭

地球朋友告訴我一個故事。樵夫在湖裡掉了把斧頭，湖之女神會出來問樵夫掉的是金斧頭還是銀斧頭。如果鐵斧頭掉進海裡，海之女神應該要拿鐵斧頭出來丟你。鐵在海洋裡很稀少，只有少量的鐵從陸地礦石析出，順著溪流進到海洋。鐵是微生物需要的養分，生物的酵素常含有鐵，長得快的異營細菌或藻類也需要鐵，因此在鐵不夠用的海洋裡無法快速生長。微生物從氧化鐵的過程中，得到能量。當含鐵的金屬製品掉進海裡，微生物搶著用。鐵在微生物的作用下加速氧化變成鐵離子，溶解在水裡，一塊金屬消失了，解決了人類亂丟金屬的問題。

看起來問題好像解決了，但其實變成更大的問題。

珊瑚礁漂亮的珊瑚，鮮豔的顏色來自體內的**共生藻**。共生藻利用陽光行光合作用，產生養分養活珊瑚。如果在這裡掉了一把鐵斧頭，多出來的鐵讓藍綠菌和藻類快速生長，蓋住珊瑚。珊瑚照不到陽光，共生藻死亡，珊瑚也會因營養不良死亡。過去就曾發生沉船害整區珊瑚死掉一大半的慘案。想想地球人製造了多少沉船，對海底造成了多大的影響。

給地球人的任務

　　人類丟了好多東西到海裡。有些東西可以溶解在水裡，看起來消失了。有些東西不會溶解，在海裡漂上一段時間。這些隨海流漂浮的東西，如果重量輕，有機會被浪打上岸，變成海灘垃圾。

　　你可以找個週末到海邊看海。看海之外也留意海灘，看看海灘上有什麼不是自然界的東西。這些都是人類丟進海裡又漂回來的東西！如果可以順便帶個袋子，撿起垃圾丟進垃圾桶，就更好了。

NO.3　三號檔案：整理地球

報告最後的問候

　　看完我的報告，希望你能體會我的擔憂和無奈。地球是個漂亮的地方，但是在人類的破壞下朝毀滅的方向移動。貝克星人數比較少，所以還不需要面對地球現在的狀況。我們要記住在地球看到的問題，絕對不要讓貝克星走上地球現在走的這條路。希望人類能早日覺悟，好好照顧自己居住的美麗星球。

雷文

FINAL
最終檔案
把廢物變資源

調查對象 利用細菌獲取永續資源的各種方法

調查目的 讓貝克星重新獲得必要資源——資源再生就靠微生物

　　經過快兩年的駐守，雷文終於快要回貝克星了。一個月前，霍克送來了一封信，內容是這樣的：

雷文好，

　　謝謝你在地球的調查報告，提供貝克星的科學家很不一樣的視野。再一個月你就要回來了，最後這段時間，想請你幫忙收集不同方向的資料。放宰星人占據貝克星時，環境受到很大的傷害。先前的報告提到地球人利用細菌的力量清除有毒或有害的物質，我們正在思考怎麼在貝克星運用同樣的方法清理環境。清理環境需要很多錢，政府責無旁貸，我們希望也能找到把垃圾轉成資源的方法，讓一般人或私人企業也願意幫忙清理垃圾。請在最後這段時間裡調查地球人有沒有什麼特殊的技術，可以將原本對環境有害的東西，轉變成為可用的資源。謝謝你在遠方的付出，我們期待一個月後與你見面。

　　讀完，雷文笑了一笑，這是個重要的任務呢！我得要好好認真調查一下。

　　一個月後，雷文帶著報告，回到了想念的家鄉。

　　以下是他的報告。

垃圾也能變黃金
細菌將廚餘變肥料、大便來發電

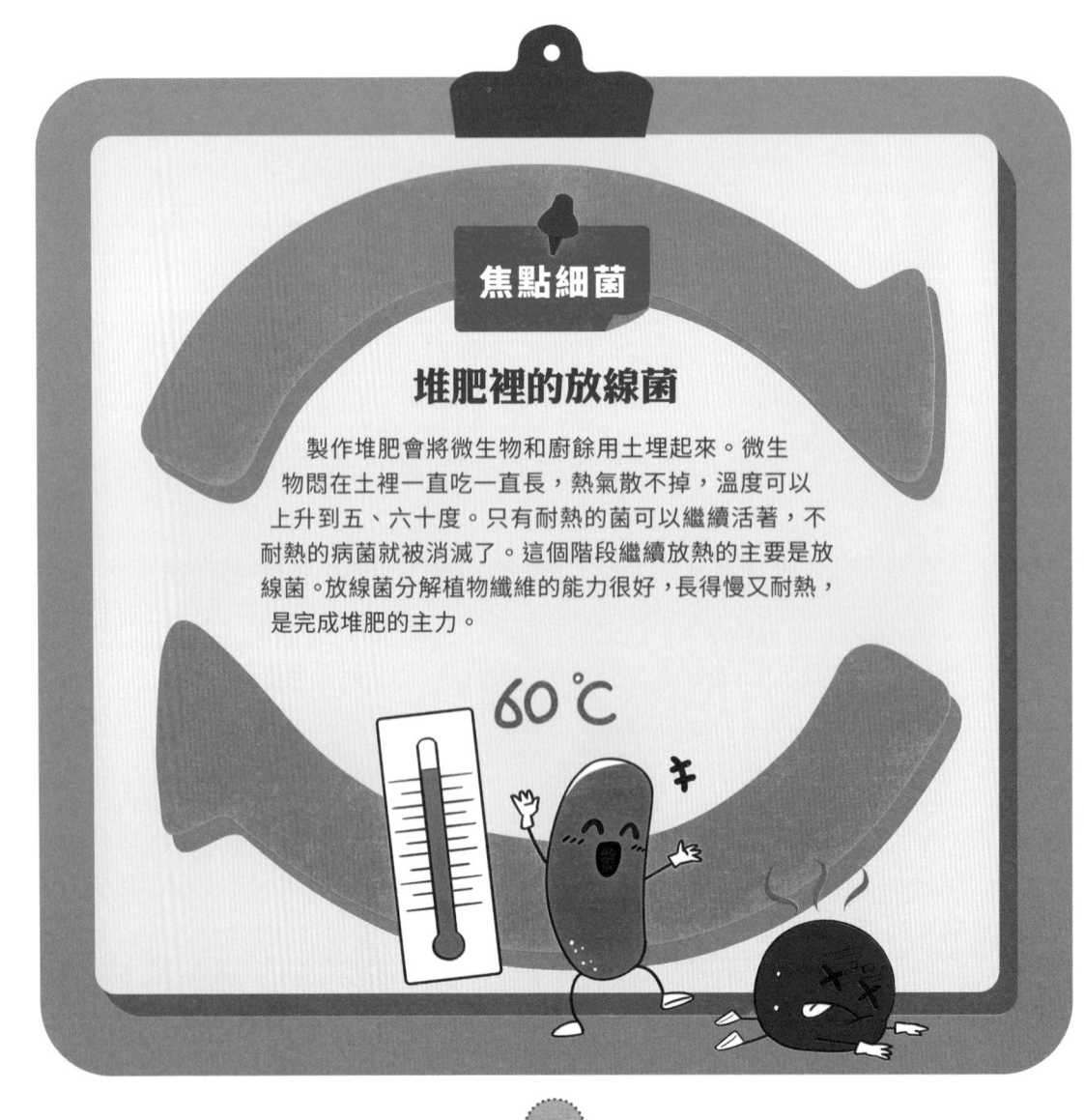

焦點細菌

堆肥裡的放線菌

製作堆肥會將微生物和廚餘用土埋起來。微生物悶在土裡一直吃一直長，熱氣散不掉，溫度可以上升到五、六十度。只有耐熱的菌可以繼續活著，不耐熱的病菌就被消滅了。這個階段繼續放熱的主要是放線菌。放線菌分解植物纖維的能力很好，長得慢又耐熱，是完成堆肥的主力。

60°C

⚠ 資源回收大師

地球每個角落都有細菌和其他微生物，無所不在又不挑食，不管是能吃的食物，或是被丟掉的垃圾，都是它們的目標，吸收能用的養分生長新細胞。

長久以來，地球人利用微生物分解垃圾。農耕區有很多從農作物來的廢棄物，像是果樹掉的葉子，收割完剩下的稻桿等。有一種傳統技術叫做「**堆肥**」，將不要的枯枝落葉收集堆積起來，然後蓋上土。土堆可以保溼，植物殘渣裡釋放出來的養分可以養活細菌，更多的細菌加速植物細胞的分解。擺上一、兩個月後，已經分不出是樹葉還是樹枝，通通變成泥土了。這是自然界最強大的資源回收設備，不需要用電，沒有複雜的零件，卻可以在全球各處的泥土中執行重要功用。在微生物的努力下，植物垃圾很快就分解變少，原本封在死去植物細胞裡的養分會進到土壤裡，給還活著的植物吸收利用。

現在地球人依然在使用這種模擬自然分解程序的垃圾處理方法。我認識做友善耕作的農夫朋友，會在田邊製

堆肥的製作過程。將不要的植物殘渣埋進土中，土中的微生物分解後，釋出養分到土壤，可以提供給其他植物生長所用。

作堆肥。堆肥裡有微生物從植物釋放的養分，可以用來照顧作物。養分還可以增加土壤裡的團粒。因此原本要燒掉的植物垃圾，轉變成為了肥料，加速土壤改良，變成有用的資源了呢。

⚠ 現代垃圾也給你清

我發現地球人也會利用微生物的力量來處理家庭產生的廢物。家裡的垃圾會爛、會臭，就是微生物搶先分解掉好分解成分的證據。垃圾進了垃圾車，送到掩埋場用土蓋住，接下來就是土裡的微生物接棒分解。家庭垃圾比田

裡枝葉複雜得多，除了廚餘外還有不能分解的垃圾。如果做好分類，把能分解的廚餘拿來做堆肥，既能清垃圾又能造土壤。

相對於一般家庭，工廠產生的廢棄物就更多了。食品工廠處理完食物原料，像是處理魚之後剩下的魚頭、魚骨，都是可以再利用的養分。工廠產生的食物殘渣，成分一致且量多，適合拿來製作堆肥。經過細菌的處理，這些廢棄物可以轉變成有價值的產品，垃圾變成了可以再利用的資源。

另外一種量大又成分一致的廢棄物是屎尿，來自家庭或是畜牧場，是大家避之唯恐不及的廢物，事實上也是可再利用的資源。糞便裡的有機物是微生物的養分，如果放在密閉的空間裡發酵，讓微生物慢慢分解，就會變成氫氣和甲烷。氫氣和甲烷都是可以燃燒的氣體，小心收集起來就成為再生資源，可以當作燃料提供熱源，也可以利用這些熱來發電。只要氣體的量夠多，更可以變成一座小型發電廠。

你知道嗎？ 在家也可以做堆肥

　　堆肥是古早年代傳下來的老方法，不只是農民，如果家裡有院子，可以收集枯枝落葉製作堆肥，觀察大自然的力量怎麼生產泥土。如果住在公寓裡，也可以做堆肥。網路上有很多堆肥教學可以參考，原則上是先鋪層土當底，接著一層廚餘、一層土，一直疊上去。廚餘要用沒煮過的菜根果皮，加了油鹽調味的剩菜可不行。你還可以在土裡加入會吃廚餘的蚯蚓一起來幫忙。不過做堆肥需要耐心，不是今天堆，明天就完成，得花上半個月至一個月的時間。做過一次你就會發現，家裡的廚餘怎麼那麼多啊，可以想想是不是應該要減量了喔。

FINAL　最終檔案：把廢物變資源

⚠ 金屬回收

　　金屬垃圾可回收再利用，所以地球上很多城市，都要求大家將金屬垃圾與一般垃圾分開。電子產品裡也有部分是金屬，但要回收就比較麻煩。電子產品的外殼或主體可能是塑膠，只有裡面的電路板和電線裡有金屬。尤其電路板的金屬都焊接在塑膠板上，更不容易分開。要跟塑膠板分開，可以加酸溶解金屬，但這樣做又會產生很多強酸

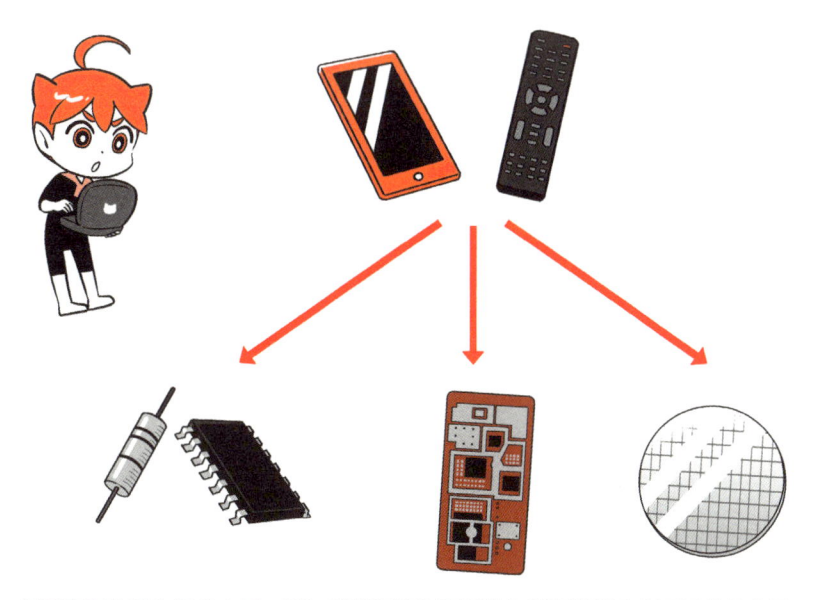

電器廢棄物裡有很多金屬。例如手機和遙控器裡的主機板等都含有可回收的金屬。

廢液，反而增加汙染。

地球科學家正在研究讓細菌幫忙拆解金屬的方法。有些生長在礦石區的細菌會利用金屬，靠氧化金屬或含金屬的礦石取得生存所需的能量。進行氧化反應時，細菌會把金屬變成離子，看起來就像是溶掉了。如果這類細菌附著在金屬製的機具上，會加速設備生鏽而逐漸腐蝕，是個令人討厭的麻煩。

但是這些細菌可以幫忙處理金屬。採礦時從礦石裡溶解出金屬，尤其是在金屬含量低的礦場，例如開採銅時，靠細菌溶出銅就不用加熱，降低處理成本。這類能氧化金屬的細菌，也可以幫忙回收電路板上的少量金屬。將電路板放在細菌培養液裡，細菌就能溶解掉電路板上的金屬。接著收集培養液，沉澱出裡面的金屬離子，就可以回收了。

FINAL　最終檔案：把廢物變資源

你知道嗎？ **細菌煉金術**

　　科學家發現特殊的「**戴城食酸菌**」，對重金屬離子的抵抗力比較強，可以生活在受到重金屬汙染的地方，不像其他生物會被毒死。科學家將戴城食酸菌丟進毒性很強的氯化金溶液裡，發現細菌依然沒事一樣繼續生長。原來它會製造「**戴菌素**」，將有毒的金離子還原成金原子，變成無毒金屬顆粒沉澱，這樣就不會受到傷害了。等等，這些沉澱出的顆粒是金子嗎？將溶解在水裡的金離子變成小金粒，這樣不就是在煉金了嗎！只可惜所生成的金粒是奈米級的，沒有什麼商業價值。

　　現在科學家打算用戴城食酸菌處理電子垃圾。先用紫色色桿菌溶解電路板上鍍的金，讓金變成金離子溶在培養基裡。這時戴城食酸菌上場，用戴菌素將培養基裡的金離子變成奈米砂金。這樣就可以回收電路板上的金，不會進入環境，造成危害了。

給地球人的任務

　　很多人會在家裡用麵粉、活酵母做麵包。做麵包時，麵團裡會加糖，讓酵母菌（它是真菌喔）發酵糖，吐出二氧化碳，讓麵包鬆軟。雖然香香的麵包跟堆肥差很多，但這是廚房裡最容易觀察到的發酵現象。麵團發酵時會變大。這不是長大，而是裡面多了很多二氧化碳。請你（先徵求大人同意喔）摸摸看腫大了很多的麵團，你會發現它熱熱的。這是麵團裡努力生長的酵母菌在發熱，與堆肥裡的細菌一樣喔！

FINAL　最終檔案：把廢物變資源

新的發電方式
用細菌發電

焦點細菌

電纜細菌

細胞呼吸時會產生電子，變成細胞裡的微小電流。電纜細菌會導電，可以一隻接一隻變成長長的一條線，讓電流順著同伴身體一路傳下去，像條迷你電纜。它們住在海底或池底泥巴裡。住在泥巴表層的菌可以直接碰到氧氣，住在深處的菌碰不到氧氣，但是可以透過同伴這條電纜把電子傳到表層交給氧氣，就可以順利完成呼吸。

電是電子在導體裡流動的現象。生物代謝養分，進行化學反應放出能量維持生命，化學反應有電子的轉換，如果化學反應持續進行，保有電子的移動，就會在每個細胞上產生電流。生物轉換能量的效率很好，如果用生物來發電，這些生物為了活下去會努力發電，讓我們能輕鬆得到能量。

細菌呼吸也會產生電流。雖然電流很微弱，但是細菌很多又好養，地球很多科學家正在研究利用細菌產電的方法。

地球人呼吸時，身體裡的酵素會從養分抽出電子，把電子交給氧氣，完成呼吸。一樣使用氧氣的細菌，也會產生電子，這些電子流過細胞膜，最後交給氧氣。如果能在給氧氣之前，讓電子流進會導電的金屬電極，引導電子走過電線，到另外一頭跟氧氣結合，就能產生電流了。只是電流很微弱，離十萬伏特還很遠很遠，也電不了人。絕大部分能用氧氣的細菌只把電子交給身邊的氧氣，所以只能住在有氧氣的地方。**電纜細菌**的細胞裡有導電蛋白，可以將電傳給遠方的氧氣，是使用氧氣的高手。

FINAL　最終檔案：把廢物變資源

電子 ⟶ 會導電的金屬電極 ⟶ 進入電線 ⟶ 產生電流

你知道嗎？ 為什麼不會被細菌電到？

所有生物呼吸時都會放電，這樣是不是碰到就會被電到呢？先想一想為什麼我們不會被電燈開關電到，這是因為開關是塑膠，塑膠不導電，所以電傳不出來，同樣的，我們的皮膚也不導電，所以別人細胞放出來的微弱電流同樣傳不過來。就算拿著金屬觸碰皮膚，傳過來的電流還是太微弱而感覺不到。

根據這個原理，我們可以用細菌做電池。先準備一缸細菌的食物，用爛泥巴加稻草，也可以是糖水。再準備一缸水供應充足的氧氣。接著只需要放好電極，把導線一端放在養分缸，另一端放在有氧氣的水裡，中間架個鹽橋

細菌偵查隊

或半透膜讓離子流通,就建好了**生物燃料電池**。肚子餓的細菌會在電極附近開始生長,努力為自己打拼的時候,就創造了電流。但是細菌這麼小,放出來的電應該微不足道吧?地球朋友說靠細菌發電是可行的,細菌雖小,但數量多,隨便都可以養出上億隻,而且細菌什麼都吃,不像人類非美食不吃。所以用爛泥巴裡的枯枝殘葉招待細菌就能換電。細菌具有將垃圾轉換成電能的潛力。

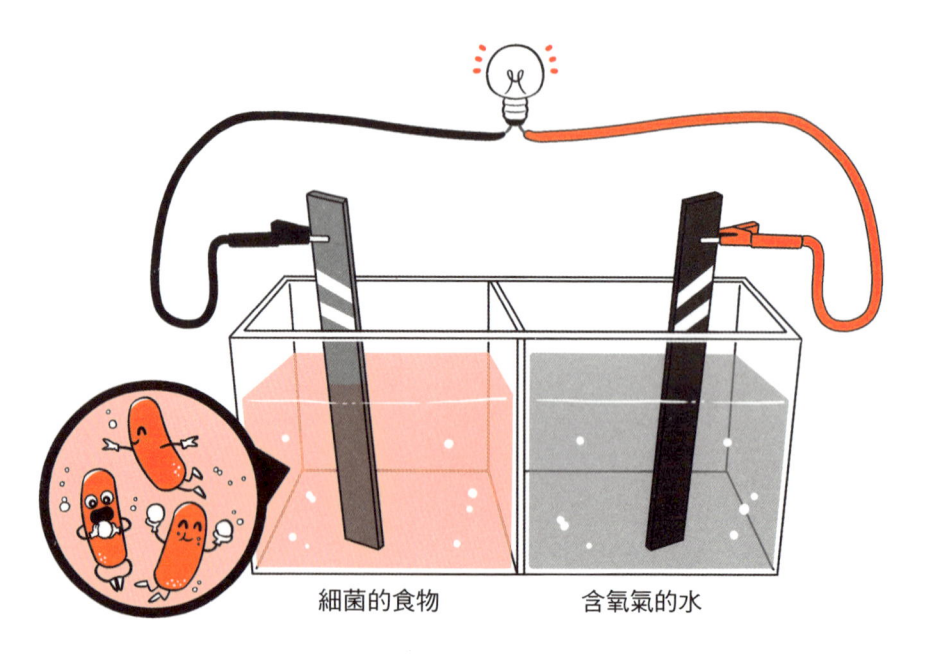

細菌的食物　　　含氧氣的水

用細菌製作生物燃料電池。左側為細菌的食物,細菌會在電極處生長,放出的電子經由電線到右側含氧氣的水,產生電流,這時燈泡就會發亮。

⚠ 為什麼要用細菌發電

地球朋友說細菌發電不一定要拿燒杯接線，其實只要拿著電極，一端埋進泥巴深處，另一端插進泥巴淺層，就可以產生微弱電流。如果為了幫手機充電，在家裡養一大缸加細菌的爛泥巴，好像太誇張了？在家的話當然沒必要，但如果要在沒有電的地方住兩天，或是想讓放置在偏僻地點的儀器持續運作記錄資料，這種靠細菌就能運作的電源就方便了。

利用細菌什麼都吃的特性，就可以用各種廢棄物來發電。廚餘或是洗東西產生的汙水，放著會發臭，代表有細菌愛吃的廢物。如果能拿來發電，處理掉垃圾，還能發電，實在太完美了。不過太完美的事不容易實現。曾有人設計過這樣的裝置，倒杯可樂進去，裡面的細菌就能發電，證實細菌發電的想法可行，不過電量不高，也不能維持電壓，這就得拜託科學家和工程師解決這些問題了。

用細菌把垃圾直接變成電力的夢想還需要一點時

間,但還可以利用細菌產生的甲烷和氫氣發電,目前這方法已經成功在地球的工廠運作了。

你知道嗎? 活體光電板

太陽能光電板可以接收太陽射到地面的能量,然後轉換成電能。光不會變少,所以是可以永續利用的能量來源。地球生物老早就使用這招得到能量,例如綠色植物和各種光合細菌。**光合細菌**的色素可以利用太陽光的能量,是效率很高的迷你光電板。與工廠生產的光電板最大的不同是,這些細菌原本就生活在環境裡,不像太陽能板對環境來說是外來異物,製造或廢棄時還會造成汙染。細菌為了活下去,會努力轉換能量,死了也沒關係,很快就可以複製補回數量。而且養細菌不太需要維護,不像太陽能板如果壞了或效率降低時需要更換。

細菌光電板與生物電池使用的是類似的原理。要讓吸收光能的光合細菌發電,只需找到方法,讓照光後產生的電子傳到電極,再流進電線裡就可以了。

給地球人的任務

請準備一桶爛泥巴，必須是池塘的泥巴，或是將花盆裡的土用水蓋過，放個幾天，確保泥巴裡有活細菌。接著準備一條10公分和一條5公分的電線，將兩端的塑膠皮剪掉露出銅線。拿個小塑膠杯，先加入1公分深的池塘土，然後將長電線的一端放進去，另一端黏在杯緣。再加入更多的土，讓土的深度超過5公分。這時長電線是一頭埋在泥土深處，另一頭從土裡跑出來黏在杯緣。接著拿短電線。把短電線一端也黏在杯緣但不要碰到長電線，另一端淺淺貼在或插在土的表面。土要是泡溼的喔，但不要有積水。放在不會被撞到打翻的地方，等一下再來觀察。

等一切穩定，就可以拿著三用電表測量有沒有電。電表有兩根夾子，一紅一黑。請把紅的夾子接在長電線露出杯緣的銅絲上，黑的夾子接在短電線露出杯緣的銅絲上。接反了也沒關係，不必擔心爆炸，只

是數值反過來而已。

　　三用電表數值會從零往上跳，這就表示有電位差，兩個環境不一樣。如果你把裝置放著，細菌就會附在電極上，電表上的數值也會慢慢變大。這代表細菌已經開始利用你的電極在呼吸囉！

FINAL　最終檔案：把廢物變資源

微米級迷你工廠
細菌做塑膠

焦點細菌

生物塑膠生產菌

有一種細菌會製造 PHB，PHB 處理後與塑膠性質相似，被相中作為生物塑膠的原料。如果提供用不完的含碳養分，細菌會將養分存成 PHB 小球，細胞變成塞滿顆粒的包子。只要打破細菌，收集這些細菌小工廠製造好的 PHB 作為生物塑膠的原料，就不用費力合成了。

⚠️ 微米級代工廠

　　細菌長得很快，通常提供簡單的養分就願意生長，不需要給它精緻美食。根據這項特性，細菌應該會是很好的代工廠。地球人很早以前就以細菌改變食物的風味，像是利用會製造醋酸的醋酸菌釀醋，還有製造乳酸的乳酸菌做優格、起司。地球上的細菌有上百萬種，能製造出的東西有各種的可能。只要選對菌種，給予養分和適當的環境，細菌就會做出你想要的東西。人類吃太多食物會過飽，不過細菌進行乳酸發酵時，如果食物供應不斷，乳酸菌可以從一分裂為二，用兩倍的速度產乳酸，不會有吃過飽的問題。利用細菌生產產品，實在是聰明的作法。

　　「**發酵**」是細菌在沒有氧氣的環境下，將養分切成一半大的小分子來獲取能量。像是優格裡的乳酸發酵，就是乳酸菌把葡萄糖分子變成一半大的乳酸分子。細菌想要的是這過程中釋放出來的能量，發酵的產物乳酸對細菌來說是廢物。地球人用糖餵乳酸菌，細菌抽掉能量，

FINAL 最終檔案：把廢物變資源

丟出地球人想要的乳酸。優格、起司、醋、醬油、泡菜等，都是細菌發酵製造出來的，連調味用的味精也是呢。

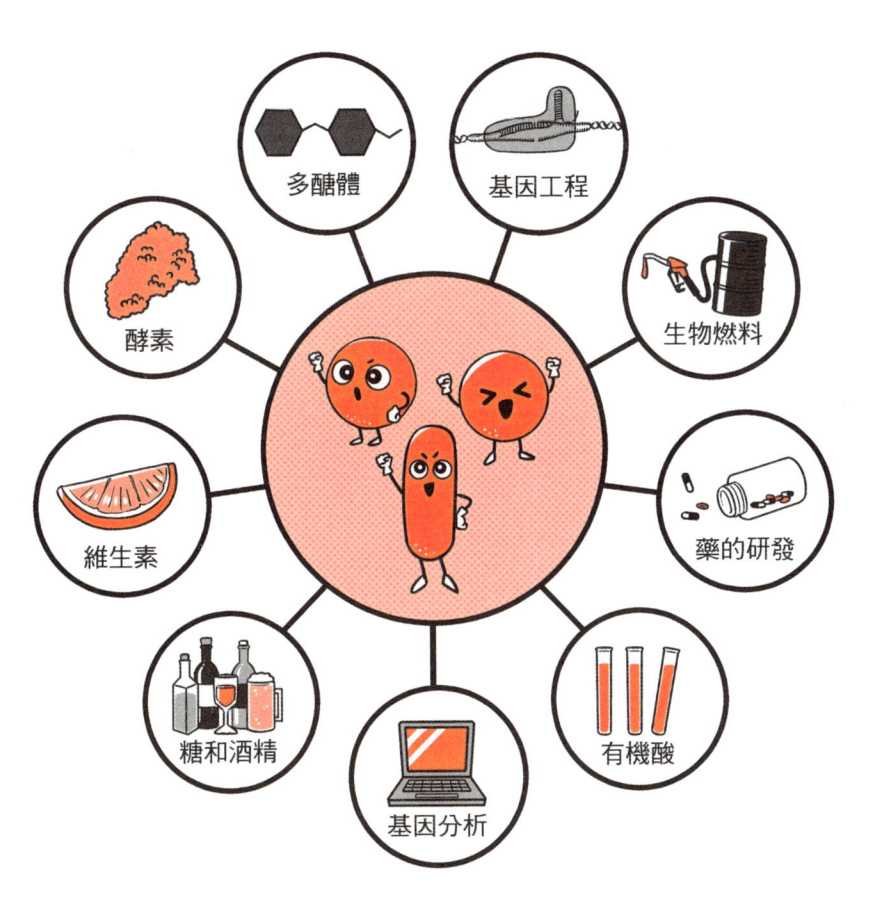

- 多醣體
- 基因工程
- 生物燃料
- 藥的研發
- 有機酸
- 基因分析
- 糖和酒精
- 維生素
- 酵素

細菌小工廠幫我們做的東西很多，除了食物外，還能製造生物燃料、維生素、酵素等。還可以幫忙基因工程和基因分析。

你知道嗎？ 味精是細菌製造的美味

味精（或稱味素）成分為**麩胺酸鈉**，是一種胺基酸，現代廚房裡必備，是幫食物增加鮮味的魔法分子。一百多年前，一位日本教授想要找出海帶裡鮮味的祕密，經過多次嘗試，終於從海帶純化出麩胺酸鈉，發現它就是鮮味的來源。沒多久，開始有廠商從植物蛋白裡分離出麩胺酸納販賣，味精正式進入廚房。一九五六年，一家廠商成功用細菌製造麩胺酸鈉，因為純度高，味精變得更便宜。從此以後，細菌就成了人類製造味精的代工廠。現在吃到的味精都是細菌幫忙生產的。每年細菌生產好幾百萬噸的麩胺酸鈉，都可以堆成一座山了呢。

⚠ 能源危機與生物燃料

隨著地球人口持續增加，需要越來越多能源滿足生活需求。目前地球人使用的能源主要來自儲藏量有限的石油，現在新時代的地球人任務，就是要找到新的能量來

源，而且最好是用不完的能源。太陽持續送能量到地球，看起來是最好的選擇。人類利用光電板將太陽光的能量直接轉變成電能使用。也可以間接利用太陽能，太陽光養活植物，再將植物當作能源。這些來自植物的燃料，叫做**「生物燃料」**。

地球人從植物搾油作為能源，還有萃取植物裡的糖，或分解澱粉為糖，利用細菌與酵母菌發酵，變成酒精和其他可燃燒的分子當作能源。不過這樣會消耗原本可作為糧食的原料。更好的方法是利用細菌將人類不吃的植物纖維分解成糖，再用這些糖產生能源。使用生物燃料代替石油，慢慢降低人類對石油的依賴，或許有一天，只靠太陽光的能量就足夠了。

▲ 生物塑膠

地球人的生活離不開塑膠，每天的使用和丟棄量非常驚人。塑膠很難分解，很多年前，地球的科學家研發出容易被生物分解的塑膠。**可分解塑膠**是用生物製造的分子作為原料，生物具有可以分解這些分子的酵素，因此在環

境中可分解塑膠可被分解而消失。

　　生物塑膠的原料來自植物，像是使用玉米澱粉和乳酸製作。原料也可以交給長得快，又不太需要照顧的細菌大量製造。地球的科學家已經利用細菌製造出來的原料，例如PHB，來合成生物塑膠，成為一般塑膠的替代品。生物塑膠不像一般塑膠耐用，不過耐用的代價就是不易分

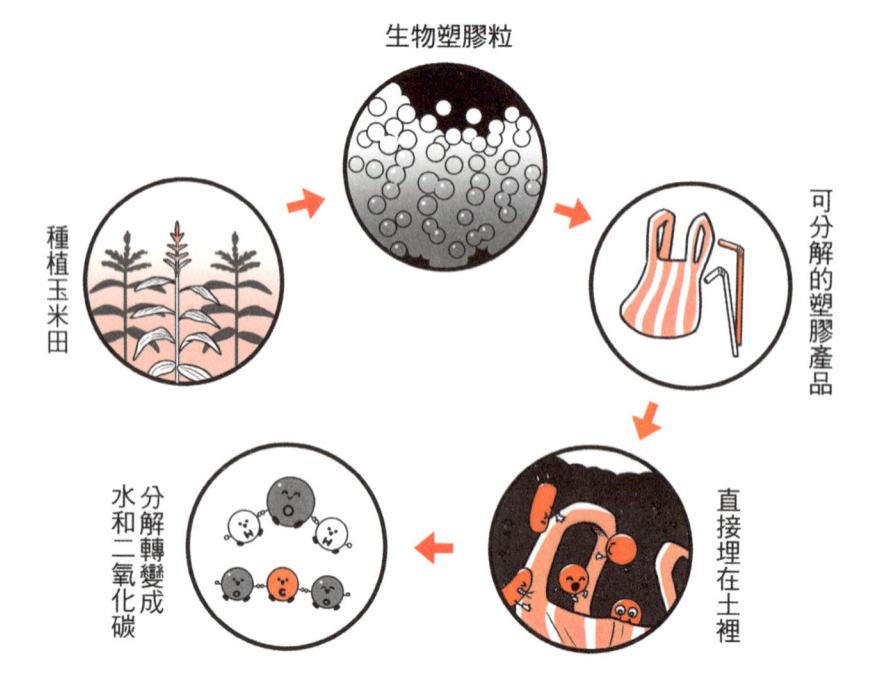

生物塑膠生活史。玉米澱粉作為原料的塑膠製品，可以被自然環境中的微生物分解成為水和二氧化碳。

解。想到地球人小時候丟的塑膠垃圾,會一直留在世界上到他們年老,真的有點可怕。

你知道嗎? 生物可分解塑膠不一定會被分解

「**生物可分解塑膠**」這個名字看起來讓人安心,事實上並不保證使用後就會乖乖退場消失。「生物可分解」的意思,是在堆肥環境下幾個月內,大部分可以被分解,可是如果丟在垃圾場,就未必會在這段時間內消失。還有一些塑膠是在傳統塑膠裡加入可分解的成分,微生物分解時,會碎裂成很小的塑膠碎片,看起來好像被分解了,其實只是變小看不見而已。

所以使用生物可分解塑膠,不要覺得這些塑膠可被分解,就放心多用兩個。真正重要的還是願意少用,以及重複使用,不要使用用完即丟的塑膠製品,才能夠真正減少塑膠垃圾問題。

給地球人的任務

　　塑膠真的是這個時代的大問題。塑膠很難分解，還會在環境裡留下大量塑膠微粒。但生活中就算再注意，也還是免不了使用到塑膠。我們現在能做的，就是去看看哪些商品用的是生物塑膠，哪些不是。請到家附近的超市，檢查商品使用的是哪一種塑膠。看看各種塑膠袋，哪些是生物可分解塑膠？摸摸看材質有什麼不同？試試看用起來有沒有什麼不一樣？如果差別不大，建議家人選用對環境比較好的生物可分解塑膠產品。

FINAL 最終檔案：把廢物變資源

把逃跑的碳抓回來
用細菌減緩氣候變遷

焦點細菌

留住碳的芽孢桿菌

芽孢桿菌屬的細菌是住在泥土裡的大家族，做很多與抓住碳有關的事。有的幫助植物生長，就能多抓點碳，有的可以自己抓碳沉澱成石頭。芽孢桿菌光是活著就是吸收碳存在身體裡，不讓碳全部變成二氧化碳，是土裡的吸碳超人。

147

⚠️ 溫室氣體的問題

細菌分解水裡的汙染物變成二氧化碳和甲烷，汙染消失了，但這些氣體卻成為另一個讓地球人頭痛的問題。二氧化碳和甲烷，加上氮肥產生的氧化亞氮，是**溫室效應**的三大凶手。**溫室氣體**讓地球氣候出現異常，該下雨的地方不下雨，該乾旱的地方大洪水，造成相當大的危害。現在地球各國政府都以減少溫室氣體的排放為重要目標。二氧化碳主要來自交通和工廠，農田也貢獻了不少。

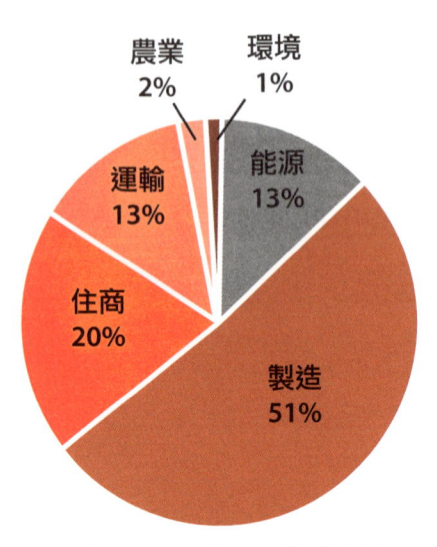

農業 2%
環境 1%
運輸 13%
能源 13%
住商 20%
製造 51%

台灣二〇二二年溫室氣體排放來源。

⚠ 不讓碳變成二氧化碳

吃飯獲得的養分，一部分氧化提供能量（想像細胞裡有著迷你火爐燃燒產生能量），變成二氧化碳。一部分修復舊細胞和製造新細胞，還有成為變胖時多出來的脂肪。細菌也一樣，好不容易拿到的養分，一部分供能，一部分用來長大。如果拿來長大的養分多一點，供能產生二氧化碳的比例就變少。科學家朋友正在尋找適合的細菌，希望找出留住比較多養分的細菌。如果泥土裡的這類細菌變多，或許可以減少空氣裡的二氧化碳。

如果細菌留下養分使用，碳跑去哪裡了呢？細菌用這些養分繁殖長出更多細菌，碳就以細菌細胞的方式留在土裡。有些細菌則用養分製造保護自己的多醣，有黏黏的多醣包住，不會乾死也提供了保護，或是可以黏在土壤顆粒上不被沖走。這些機制都可以將碳留在泥土裡，不會變成二氧化碳進到空氣中。

養分 → 產生能量 → 放出二氧化碳　產生能量少，二氧化碳排放量就少。

養分 → 繁殖，或是製造多醣保護自己　將碳留下

⚠ 小細菌當存碳包

　　土裡的碳來自植物屍體。死掉的植物細胞被微生物分解，好吃、容易吃的分子很快被吃光光，硬梆梆、難啃難分解的纖維被留下，堆在泥土裡。如果想增加泥土裡的碳，可以開源，也就是丟更多纖維進土中，或者是節流，阻止土中纖維被微生物當作養分分解。細菌和其他的微生物也是碳組成的，不過細菌那麼小隻，全部加起來也抵不了一顆黃豆吧？新的研究發現，某些地方土裡的微生物加起來，居然占泥土裡碳量的三分之一。如果細菌那麼多，只要養肥它們，就可以大量增加存在土裡的碳。因此或許可以不用植物纖維存碳，而是用很多很多的細菌來存碳。現在地球科學家正努力中，希望能夠用細菌存碳，減少空氣中的碳。

⚠ 抓住空氣裡的二氧化碳

除了存碳，有些細菌還可以把碳變成石頭。我去過地球的洞穴探險，看過洞裡的鐘乳石。洞穴裡的水，碳酸根離子含量很高，離子長時間慢慢沉澱就累積成了鐘乳石。

二氧化碳溶在水中變成碳酸根，有些細菌可以使環境變鹼性，讓碳酸根離子與泥土裡的鈣離子沉澱，變成碳酸鈣。空氣裡的二氧化碳變成了碳酸鈣沉澱，不再溶於水，就像鐘乳石一樣留在原地。不過地球人還沒有實際測試過這個方法，還不確定這是不是留住碳的好方法。

你知道嗎？ 生物炭是什麼

烤肉用的傳統木炭是將木頭放在氧氣不足的地方加熱，木頭會慢慢變黑，但還保留原本的形狀變成木炭。其他植物比較堅硬的部位，像是樹枝、竹子或稻殼，也可以使用這個方法加熱，燒出來的成品就叫「**生物炭**」。因為來源是植物細胞，燒完後還維持著植物細胞有著很多孔洞

的樣子，可以吸附很多東西，例如養分。

如果將植物屍體埋進泥土，會慢慢被微生物分解，一陣子之後就會消失。如果把植物屍體變成生物炭，成為生物無法使用的分子，就能永久提高泥土裡的碳含量，因為永遠不會被微生物分解使用。

農田土壤裡混合黑黑的生物炭，證實可以讓農作物長得更好。似乎是個能在土壤裡留住碳的好方法。不過封印住原本要給生物使用的養分，還是有點違反大自然的法則。

⚠ 廢渣變能源

地球人不希望微生物將有機物變成溫室氣體，同時又想靠微生物消滅垃圾場及汙水處理廠裡的汙染物。我一直在找尋地球人解決這個難題的方法。任務即將結束的這段時間，我終於找到答案了。原來地球人仍舊靠微生物分解廢物，不過有一個聰明的方法，就是回收溫室氣體當能源。

城市汙水裡不容易被分解的殘渣，被集中到發酵槽裡。發酵槽是很大一棟，看起來像放大版水桶的建築，密閉沒有氧氣，裡面只有**厭氧菌**分解殘渣，轉變為甲烷和氫氣。甲烷和氫氣收集起來就能當作燃料，成為可再使用的能源。經過厭氧發酵槽的處理，汙水裡的廢物變成能源，是個資源再利用的好方法呢。

黃金也可以變能源。我說的黃金不是貴貴的金子，而是上廁所時產生的糞便。厭氧細菌不只能處理汙水裡的廢物，只要是細菌能分解的有機物，都可以靠厭氧細菌幫忙分解，變成甲烷和氫氣，轉變成能源。

你知道嗎？ 仔細看臭臭的大便

吃進肚子裡的各種食物會被消化，不能消化的就變成糞便，包含我們沒有辦法消化的植物纖維。豬糞、牛糞裡也是類似的成分。這些東西對細菌來說都是食物，可以慢慢拆解並回收裡面的養分使用。細菌不嫌髒，清理廢物的工作可以放心交給它們喔。

如果厭氧菌可以將廢物變成甲烷和氫氣，這樣能不能將家裡的大便變成氣體燃料，用來代替炒菜用的瓦斯呢？理論上是可行的喔！只不過家中所有人產生出來的大便，得先有個大水槽收集起來，讓細菌慢慢分解，接著還要收集細菌製造出來的甲烷和氫氣。靠這種方式產生燃料實在太慢了，一天累積下來的氣體還不夠炒一道菜。不過如果是農場幾百隻動物產生的糞便就足夠了。在農場蓋一組糞便處理設備，確實可以變成穩定的能量來源。

給地球人的任務

一起看看會抓住碳的細菌吧！你可以在超市找找看名字叫做「雨來菇」的食材，也叫地木耳或情人的眼淚。它不是菇，也不是木耳，更不是眼淚。雨來菇真正的身分是一種藍綠菌，吸收二氧化碳長大、製造細胞外的多醣，也就是膠質。藍絲菌將二氧化碳存起

FINAL 最終檔案：把廢物變資源

來，變成許多的細胞和膠質，多到讓我們可以一口一口吃下肚喔。

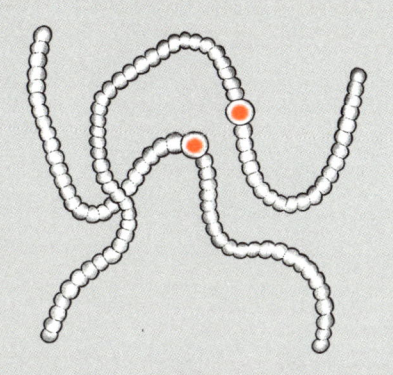

雨來菇是一種藍綠菌，在顯微鏡下觀察會發現它長得就像是一串串的珍珠項鍊。

故事結尾

　　這次，不再是電腦螢幕上的問候，雷文終於回到離開了一年的貝克星。他想念貝克星的空氣，想念貝克星的風景，想念貝克星的美食，還有，他終於可以與最想念的朋友們天南地北的聊天了。

　　所有的星際電影裡，英雄都是帶領軍隊英勇作戰的將領。雷文知道自己笨拙的動作上不了戰場，當不了那種英雄。不過他也不太在乎這種事，要被大家用景仰的眼光注視，自己大概會緊張到走路跌倒吧？雷文以自信不輸人的好奇心，在地球收集重要資料並帶回了貝克星，用自己的方法做出貢獻。雷文將永續觀念和技術帶給貝克星人，期望有一天能夠成功回復貝克星的自然環境。

知識館
細菌偵查隊
發電、分解垃圾、解決糧食危機、減少溫室氣體，和細菌一起守護地球！

作　　者	陳俊堯
繪　　者	茜 cian
封面‧內頁設計	黃鳳君
主　　編	汪郁潔
責任編輯	蔡依帆

國際版權	吳玲緯　楊靜
行　　銷	闕志勳　吳宇軒　余一霞
業　　務	李再星　李振東　陳美燕
總 經 理	巫維珍
編輯總監	劉麗真
事業群總經理	謝至平
發 行 人	何飛鵬
出　　版	小麥田出版
	115 台北市南港區昆陽街 16 號 4 樓
	電話：(02)2500-0888
	傳真：(02)2500-1951
發　　行	英屬蓋曼群島商家庭傳媒股份有限公司
	城邦分公司
	115 台北市南港區昆陽街 16 號 8 樓
	網址：http://www.cite.com.tw
	客服專線：(02)2500-7718 ｜ 2500-7719
	24 小時傳真專線：(02)2500-1990 ｜ 2500-1991
	服務時間：週一至週五 09:30-12:00 ｜ 13:30-17:00
	劃撥帳號：19863813　戶名：書虫股份有限公司
	讀者服務信箱：service@readingclub.com.tw
香港發行所	城邦（香港）出版集團有限公司
	香港九龍土瓜灣土瓜灣道 86 號順聯工業大廈 6 樓 A 室
	電話：852-2508 6231
	傳真：852-2578 9337
馬新發行所	城邦（馬新）出版集團 Cite(M) Sdn. Bhd
	41, Jalan Radin Anum,
	Bandar Baru Sri Petaling,
	57000 Kuala Lumpur, Malaysia.
	電話：+6(03) 9056 3833
	傳真：+6(03) 9057 6622
	讀者服務信箱：services@cite.my
麥田部落格	http://ryefield.pixnet.net
印　　刷	前進彩藝有限公司
初　　版	2025 年 7 月
售　　價	380 元

ISBN 978-626-7525-62-3
ISBN：978-626-7525-59-3（EPUB）

國家圖書館出版品預行編目資料

細菌偵查隊：發電、分解垃圾、解決糧食危機、減少溫室氣體，和細菌一起守護地球！/ 陳俊堯著. -- 初版. -- 臺北市：小麥田出版：英屬蓋曼群島商家庭傳媒股份有限公司城邦分公司發行, 2025.07
　面；　公分. -- (小麥田知識館)
ISBN 978-626-7525-62-3 (平裝)

1.CST: 細菌
2.CST: 通俗作品

369.4　　　　　114005481

版權所有 翻印必究
本書若有缺頁、破損、裝訂錯誤，請寄回更換。